街区建成环境与 $PM_{2.5}$ 治理

陈明　著

中国建筑工业出版社

图书在版编目（CIP）数据

街区建成环境与 PM2.5 治理 / 陈明著. — 北京 ：中国建筑工业出版社，2021.11
ISBN 978-7-112-26861-0

Ⅰ. ①街… Ⅱ. ①陈… Ⅲ. ①可吸入颗粒物-污染防治-研究-华东地区 Ⅳ. ①X513

中国版本图书馆 CIP 数据核字（2021）第 247290 号

为改善我国城市普遍面临的大气颗粒物污染，本书从构成城市肌理的普遍街区着手，关注我国典型的夏热冬冷地区，以长江中下游地区同一气候区的 5 个大城市为例——武汉、合肥、南京、上海、杭州，基于城市中相对均匀分布的监测点为中心形成的 1000m×1000m 街区单元，深入系统地分析街区建成环境与 $PM_{2.5}$ 之间的量化关系。首先，通过多年的逐时 $PM_{2.5}$ 数据，分析街区 $PM_{2.5}$ 空间分布特征及差异性。其次，将城市街区分为绿色空间与灰色空间两类，从灰、绿两类空间的规模与形态两方面，探讨街区建成环境对 $PM_{2.5}$ 的影响。最后，基于当前研究提出改善街区 $PM_{2.5}$ 的灰、绿空间调控策略。

责任编辑：曹丹丹
责任校对：孙 莹

街区建成环境与 $PM_{2.5}$ 治理
陈明 著
*
中国建筑工业出版社出版、发行(北京海淀三里河路 9 号)
各地新华书店、建筑书店经销
北京鸿文瀚海文化传媒有限公司制版
北京建筑工业印刷厂印刷
*
开本：787 毫米×960 毫米 1/16 印张：8¼ 字数：166 千字
2022 年 12 月第一版 2022 年 12 月第一次印刷
定价：**48.00** 元
ISBN 978-7-112-26861-0
(38626)

前 言

我国自快速城市化以来，城市用地扩张与人口增长，使城市面临气候与环境两大严峻问题，对城市居民的日常生活造成严重影响。“十三五”期间，“雾霾”成为我国及全球发展中国家普遍面临的一大严峻问题。大气颗粒物是形成雾霾天气的最主要因素，因其对人体健康产生的严重危害、对环境造成的能见度低、加重热岛效应等问题，引起了全社会的强烈关注。如何防治大气颗粒物污染，各行各界的人们都在贡献力量，包括减少工业、汽车的排放，产业转型、使用新能源等方式。

对于风景园林、城乡规划、建筑学等人居环境学科，大气环境作为城市环境的重要组成部分之一，近年来也成为相关领域的关注重点，研究人员希望通过学科交叉的方式探讨改善大气环境的健康人居场所。因此，在高密度城市中，系统性地了解城市建成环境与大气环境之间的关系、规律，寻求大气环境适应型的城市空间环境调控策略，是维持城市可持续发展的重要保障。

街区作为城市肌理、空间、管理、功能的基本单元，相比城市尺度而言，街区尺度的防控策略具有较高的实操性，需要引起重点关注。在全球范围内，中国是唯一一个设置了完善的空气质量监测系统的发展中国家（在本书完成前），这为街区尺度的研究提供了良好的支撑。

在国家自然科学基金面上项目《消减颗粒物空气污染的城市绿色基础设施多尺度模拟与实测研究》（编号：51778254），以及中央高校基本科研业务费专项资金《基于热环境与大气颗粒物协同改善的城市绿色基础设施研究》（编号：2020kfyXJJS104）的资助下，本书关注街区建成环境的两类主要空间类型——绿色空间与灰色空间，以及以 $PM_{2.5}$ 为代表的大气颗粒物，基于街区建成环境与 $PM_{2.5}$ 的量化分析，探索缓解 $PM_{2.5}$ 的街区建成环境优化调控策略。

本书关注我国典型的夏热冬冷地区，同时考虑该地区 $PM_{2.5}$ 污染的严重性、具有较多空气质量监测点，因此聚焦于长江中下游地区同一气候区的 5 个大城市（武汉、合肥、南京、上海、杭州），以相对均匀分布的监测点为中心形成的 1000m×1000m 空间单元为街区。本书主要包括以下几个方面：(1) 通过多年的逐时 $PM_{2.5}$ 数据，分析街区 $PM_{2.5}$ 空间分布特征及差异性，作为后续研究的基本前提；(2) 以绿化覆盖率衡量绿色空间的规模，以 MSPA（形态学空间格局分析）要素衡量绿色空间形态，探讨街区绿色空间对 $PM_{2.5}$ 的影响，包括相关性、作用规律、空间尺度效应，以及影响方式、影响强度及贡献程度等；(3) 以硬质地表率衡量灰色空间的规模，以建筑布局、道路形态等衡量灰色空间形态，探讨街区灰色空间对 $PM_{2.5}$ 的影响；(4) 基于当前研究提出改善街区 $PM_{2.5}$ 的灰绿空间调控策略。

本书为城市街区的规划设计提供了新的思考方向，具有较高的理论与实践意义。

目 录

第1章　绪论

1.1　背景

在快速城镇化的过程中，全球普遍面临着大气污染问题，尤其是大气颗粒物（Particulate Matter，PM）。历史上，发达国家也曾面临严重的PM污染，例如伦敦的烟雾事件、洛杉矶的光化学烟雾事件等。目前，发展中国家（尤其亚太地区、中东地区）在其快速城镇化过程中，正面临着PM污染的严峻挑战。该问题对城市的社会、经济产生了较大影响，尤其是人的身体健康。清洁干净的大气环境直接关系着人们的呼吸健康，长期暴露在PM污染中，人们的身体健康会面临严重威胁，易产生呼吸系统疾病、肺癌，甚至死亡。据统计，在1990—2010年间，我国超过120万人死于PM引发的疾病，占全球因PM污染死亡率的38%。

我国高密度的城市建成环境使PM污染更为突出，尤其是近年来的快速城镇化与工业化进程导致大量PM的人为排放。根据我国生态环境部发布的《2018年全国生态环境质量简况》，2018年我国338个地级及以上城市中，空气质量达标的城市仅有121个，占35.8%。这些问题在大城市中尤为突出，随着城镇化的继续推进，这将是需要长期解决的重大问题。

一直以来，风景园林、城乡规划等人居环境相关学科都关注着如何营造良好的空间场所，但随着城市生态环境问题的突出，人们逐渐意识到建成环境与生态环境之间的关系，也越来越注重通过对建成环境的优化来降低城市面对环境问题的风险，或使人类更适应生存环境，因此在不同时期产生了一些城市发展的理念，例如海绵城市、健康城市、气候适应型城市、公园城市等。认识到深入了解不同建成环境对PM的影响及作用机制，对缓解PM污染具有重要意义，近年来，学者们不断探索研究建成环境与PM的关系。如何通过优化街区空间形态及户外空间环境来降低PM浓度，以提高街区大气环境质量，是风景园林师、城市规划管理及设计者在进行空间规划、设计或改造时需要考虑的问题。

1.2 研究缘起与研究问题

从城市空间环境的角度来看，城市由若干个街区构成，包括居住、商业、工业等不同用地类型。这些街区的要素构成、空间界面、形态能综合反映城市广泛的建成环境特征，具有普适性意义。而 PM 在空气中传输扩散，其浓度分布在城市不同区域的差异性不受城市行政区边界的影响。在污染较严重的建成区中，PM 已严重影响居民的日常生活，尤其对于构成城市肌理的普遍街区，这是人们生活、工作的频繁活动场所。因此，作为城市肌理、空间、功能与管理的基本单元，街区的 PM 污染无疑具有较高的研究价值。

从规划设计调控管理的角度来看，虽然城市尺度的整体空间形态调控具有战略上的意义，但街区尺度的调控手段具有更高的实操性，能落实到城市控规、城市设计等层面的具体策略。因此，从构成城市肌理的普遍街区入手，更能真实反映 PM 污染的普遍情况，有利于提出合适的建成环境空间优化策略。

从技术平台的角度来看，国家采取的一系列政策或措施为相关研究工作的开展提供了技术支撑。其中，环境空气质量自动监测系统（以下简称“监测系统”）是一项实用性工程。该系统依据城市建成区面积、人口数量等因素，按照代表性、可比性、整体性、前瞻性和稳定性等原则，在城市中相对均匀地布置若干个环境空气质量监测点（以下简称“监测点”），包含城市点、背景点、路边交通点等。截至 2012 年，我国已构建了 338 个地级及以上城市的监测网络。这些监测点数据反映了近地表的 PM 浓度，其中，城市点设置在建成区，提供了 PM 浓度的逐时大数据，具有长期稳定的数据量，因此近年来对 PM 的影响研究中的应用逐渐在城市景观格局、绿地景观格局等推广开来。其监测范围一般为半径 500～4000m 的空间尺度，能反映街区尺度的 PM 污染情况，并通过自动监测、提供实时污染浓度，使城市设计与居民的日常生活关联更紧密。这为呈现城市不同区域的 PM 污染水平、缓解 PM 污染的街区尺度建成环境优化策略提供了技术性支撑。

本研究重点针对街区污染的现状，研究其建成环境的影响。数据主要基于空气质量监测点的 $PM_{2.5}$ 数据，暂未考虑街区的污染来源。因此，以构成城市肌理的普遍街区为例，重点关注如下问题：

（1）街区建成环境与 $PM_{2.5}$ 存在怎样的关联？哪些建成环境指标显著影响 $PM_{2.5}$？

（2）不同街区建成环境怎样影响 $PM_{2.5}$？存在怎样的影响机制？

（3）通过什么样的街区空间调控策略可以较大程度地改善 $PM_{2.5}$ 污染？

1.3　研究对象与研究范围

1.3.1　研究对象

本书关注街区中由绿色空间与灰色空间构成的建成环境与 $PM_{2.5}$ 污染，其中，绿色空间与灰色空间侧重于它们的规模与形态两个层面，$PM_{2.5}$ 从质量浓度与相对指标两个方面来衡量，$PM_{2.5}$ 相对指标包括 $PM_{2.5}$ 降低及增长的幅度、时长、速率三个层面。此外，鉴于气象因子是影响 $PM_{2.5}$ 的重要因素，本书也将其纳入研究范畴，作为外部环境变量（图 1.3-1）。

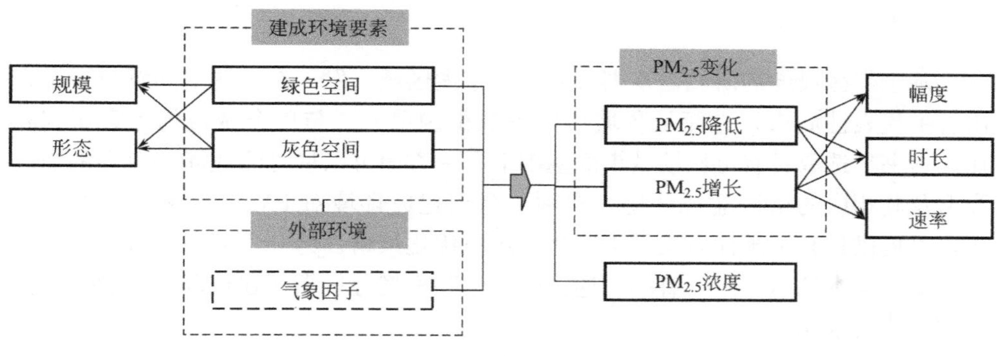

图 1.3-1　研究对象

1. 建成环境

依据街区中不同空间要素对 PM 的影响方式，本书将建成环境归纳为两种空间类型——绿色空间与灰色空间，针对这两类空间进行它们与 PM 之间的分析。其中绿色空间是消减 PM 的主要因素，灰色空间则影响扩散，或是 PM 的主要来源。绿色空间的概念经历了“开放空间”“开放绿色空间”和“绿色空间”三个阶段。广义上的绿色空间是指空间环境中的任何植被，包括公园绿地、附属绿地、行道树等。灰色空间则与绿色空间相对，是由城市建筑、道路、灰色基础设施等构成的空间环境。由于建成环境类型多样、构成复杂，如要全面系统地探索它们与 PM 之间的关系，还需要做更多的研究工作，因此，本书主要从规模与形态两个维度提取绿色空间与灰色空间的相关指标进行分析，对实际规划设计具有较高的应用价值。

为揭示街区建成的物质空间环境对 PM 的影响，绿色空间重点考虑可产生较高生态服务效应的空间要素，因此包括街区中的任何植被；建筑、道路及其他硬质地表（例如停车场）等则构成主要的灰色空间。

2. 大气颗粒物

大气颗粒物是指悬浮于空气中的各类固体、液体或固液混合的颗粒状物质，可依据其空气动力学直径，将粒径小于等于 100μm、10μm、2.5μm、0.1μm 的颗粒物分别称作总悬浮颗粒物（TSP）、可吸入颗粒物（PM_{10}）、细颗粒物（$PM_{2.5}$）和超细颗粒物（$PM_{0.1}$）。颗粒物的粒径越小，在空气中的停留时间越长，扩散距离也越远，对人体健康的危害也越大。其中，$PM_{2.5}$ 可进入细支气管和肺泡，在呼吸道和肺部沉积重金属和硫酸盐等危害物质，导致人类罹患各类呼吸系统疾病、肺癌。

由于我国 2012 年以后才将 $PM_{2.5}$ 正式纳入监测范围，$PM_{2.5}$ 的研究与其他颗粒物相比较少，且目前 $PM_{2.5}$ 成为我国绝大部分城市的首要空气污染物，能反映城市大气污染的普遍性与代表性，因此本书以 $PM_{2.5}$ 作为主要研究对象。

1.3.2 研究范围

基于街区尺度的研究，本书首先从一个大区域出发，在大的空间背景下筛选出若干代表性城市，进而从各城市中提取街区单元。与单个城市的个案研究相比，本书在选取具有可比性城市的基础上，一方面可以尽可能地涵盖更多的街区类型及其相应的街区建成环境，有利于得到建成环境对 $PM_{2.5}$ 影响的普适性规律，以提供具有常规性意义的街区建成环境优化策略；另一方面可包含更多用于构建街区样本的监测点，有助于通过构建回归模型分析街区建成环境对 $PM_{2.5}$ 的影响方式或规律。

长江中下游地区是我国典型的夏热冬冷气候区，地跨湖北、湖南、江西、安徽、江苏、浙江和上海七个省市，是我国 $PM_{2.5}$ 污染的重点区域，因此本书把该区域作为研究考虑的出发点。同时，结合我国气候分区，该区域与北亚热带季风性湿润气候区处于相近地带，将二者叠加得到本研究的大范围，进一步在该区域范围内选取若干代表城市，考虑这些城市应具有较多的相似特征，例如建成区规模、超过 700 万的人口数量、城市形态、平坦的地形地貌等，最终选取武汉、合肥、南京、上海、杭州五个城市进行分析。这五个城市均为大城市，比该区域范围内的其他城市具有更多的监测点，可得到更多的街区单元。

在街区范围的界定上，考虑街区空间特征的普遍性与代表性，同时结合各个城市的监测点，本书使用监测点为几何中心构成的边长为 1000m 的方形空间单元为研究范围（图 1.3-2）。这些空间单元反映了构成城市肌理的普遍街区与颇具代表性的 $PM_{2.5}$ 污染特征。对 1000m 空间尺度的选择主要基于以下原因：（1）我国街区的尺度界定是以城市主干道围合的 800～1200m 空间；（2）500m 是一个适宜居民步行的距离，这个范围内的空气环境也显著影响着居民的日常生活；（3）1000m×1000m 属于适中尺度，能在一定程度上反映城市的空间形态特征，避免出现尺度过小或过大导致的空间指标精度问题；（4）500m 缓冲区的圆

图 1.3-2　1000m×1000m 街区空间单元样例

形空间或 1000 m 方形空间单元内的空间环境对 $PM_{2.5}$ 影响较大，并在既往研究中应用较多。

上述监测点涵盖城市点、背景点、路边交通点等多种类型，本书仅以城市点所在的街区进行分析。一方面，城市点是国家统一管理设置的监测点，其数量远多于其他类型监测点，在不同城市中采用相同的仪器设备与测量方法，可保证 $PM_{2.5}$ 数据来源的一致性。另一方面，城市点的代表范围符合街区尺度要求，以此形成的 1000m×1000m 街区单元彼此之间无交叉重叠，并相对均匀地设置在建成区内。城市点的严格设置条件基本能保证周围环境的一致，避开了明显固定污染源，因此测量的 $PM_{2.5}$ 具有可比性与代表性。这些设点条件确保了以此为中心形成的不同街区所处环境处于相似的状态，它们的 $PM_{2.5}$ 主要来源于街区中的交通排放。且在后续章节的分析中，亦排除了城市建设过程中对街区 $PM_{2.5}$ 浓度产生显著影响的街区样本，例如施工，从而进一步提高所选城市点及街区样本的合理性。此外，虽然各个城市点分散布置，但经过环保部门严格的设置标准，使城市点的监测能达到“以点及面”的效果，所有城市点综合在一起，就能反映建成区整体的 $PM_{2.5}$ 污染水平。

1.4　研究目的与意义

1.4.1　研究目的

（1）本书基于 5 个城市内部街区 $PM_{2.5}$ 的空间格局及差异性，从绿色空间、灰色空间及外部环境三个层面构建回归模型，分析这些指标与 $PM_{2.5}$ 之间的定量关系，并揭示街区建成环境各个空间指标对 $PM_{2.5}$ 的影响机制。

（2）根据街区绿色空间、灰色空间对 $PM_{2.5}$ 的影响，提出有利于消减 $PM_{2.5}$、改善街区空气质量的城市街区空间优化策略，为实际规划设计提供借鉴。

1.4.2 研究意义

1. 理论意义

丰富城市街区空间规划设计的新维度：区别于传统以形式美学、功能需求、行为活动等为主导的街区空间规划设计理念，本研究从改善城市大气环境的角度出发，通过街区关键空间指标体系的梳理，系统性地建立消减 $PM_{2.5}$ 的城市街区建成环境空间规划设计理论与方法，为“健康城市”的建设提供健康清洁环境方面的前沿性支撑。

2. 现实意义

为消减 $PM_{2.5}$ 提供街区空间的规划设计指导：随着城市发展步入转型期，规划模式从增量向存量转变，通过充分有效地利用存量资源来应对城市气候和环境问题，成为维持城市健康持续发展的关键。本书立足于我国城市普遍存在的高密度建设及严重的 $PM_{2.5}$ 污染等现实情况，结合我国规划管理体制的方法与特点，以构成城市肌理的普遍街区为对象，提出消减 $PM_{2.5}$ 的街区空间规划设计引导与管理调控途径，有利于给面临 $PM_{2.5}$ 污染严峻挑战的其他众多城市提供示范效应与启示意义。

1.5 研究方法

1. 高清影像解译——获取街区不同要素数据

在获取 5 个城市 2017 年 7 月 Google Earth 的高分辨率影像图（0.26m）后，笔者首先基于 ENVI 5.4 对各幅影像图进行预处理，其次基于 ArcGIS 平台，通过人工目视解译，获得街区中的建筑、道路、植被、水体等不同要素的矢量数据，并通过开放街道地图 Open Street Map（OSM）获取建筑的楼层属性，从而建立 GIS 矢量数据库，为计算灰色空间和绿色空间的形态指标提供基础数据。

2. 固定监测——获取街区 $PM_{2.5}$ 浓度数据

通过对监测点长期固定的监测，笔者获得了丰富的逐时 $PM_{2.5}$ 浓度数据，为研究提供了基础的数据来源。考虑到不同城市、街区间存在的 $PM_{2.5}$ 背景浓度差异，本书通过 5 个城市相同的 $PM_{2.5}$ 数据筛选标准计算 $PM_{2.5}$ 浓度，同时采用 $PM_{2.5}$ 的相对指标（$PM_{2.5}$ 增长及降低的幅度、时长、速率）进行分析，以便考察不同污染程度下街区绿色空间、灰色空间的规模与形态对 $PM_{2.5}$ 的影响。

3. 形态学格局分析——量化绿色空间形态

MSPA（形态学空间格局分析）是基于腐蚀、膨胀、开闭运算等数学形态学原理对栅格图像的空间格局进行度量、识别和分割的一种图像处理方法，用于绿色空间的形态指标计算，将借助 Guidos Toolbox 软件，输出各类绿色空间形态格局指标的数值。

4. 统计分析法——分析街区建成环境与 $PM_{2.5}$ 之间的量化关系

统计分析法分别用于统计街区的建成环境指标与 $PM_{2.5}$ 测度指标，基于各个指标的统计，依据不同要素特征，运用聚类分析对5个城市的街区进行归类；单因素方差分析法用于判别不同街区之间的 $PM_{2.5}$ 浓度或空间指标是否存在显著差异；相关分析法用于揭示各空间形态指标与 $PM_{2.5}$ 之间的相关性；回归分析法用于分析空间形态指标对 $PM_{2.5}$ 的影响。其中，回归分析法是本书重点使用的方法之一，包括一元回归分析与多元回归分析，用于揭示某个或多个空间形态指标对 $PM_{2.5}$ 的影响。

1.6 研究框架

本书关注我国长江中下游地区5个大城市中的监测点形成的1000m×1000m空间单元，旨在分析街区建成环境对 $PM_{2.5}$ 的影响，以提供街区空间优化策略。首先，分析不同城市内部街区的 $PM_{2.5}$ 空间格局及差异性，作为建成环境与 $PM_{2.5}$ 分析的研究基础；其次，分别通过绿色空间、灰色空间的相关指标，分析它们对 $PM_{2.5}$ 的影响；最后，基于上述分析，提出改善 $PM_{2.5}$ 污染的街区空间环境优化策略。

本书技术路线如图1.6-1所示。

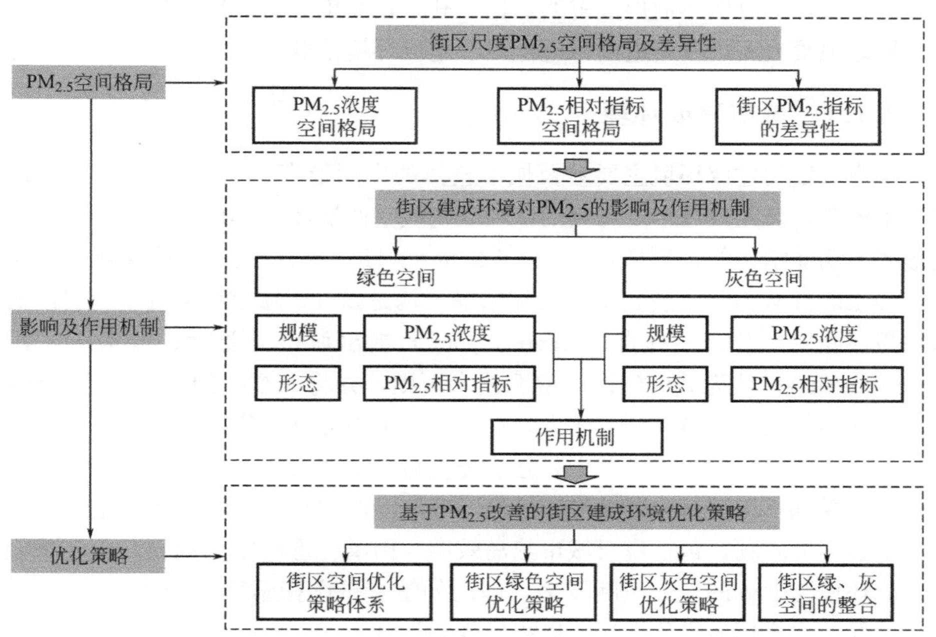

图1.6-1 研究技术路线图

第 2 章　相关理论与研究综述

2.1　建成环境

“建成环境”的概念较早由国外学者 Cervero 等提出，指的是通过人工设计、营建或改造的城市外部公共空间和建筑，具体要素包括绿地、广场、道路、街区等，以及用于居住、工业、教育等方面的各类建筑及其外部空间。国内基本上沿用国外提出的一些概念，例如，“在一定地理空间范围内能够影响个体体力活动的城市规划环境，包括建筑密度和强度、土地混合利用、街道衔接性、街道密度、景观审美质量和区域空间格局等”。综合来看，建成环境强调人工介入营造的空间场所，与自然环境形成鲜明对比，其中，城市公园绿地、居住、商业、道路附属绿地等人工规划建造的绿地也属于建成环境范畴。

2.1.1　城市建成环境

城市尺度的建成环境主要涉及城市整体的空间形态、空间结构、蔓延程度、交通系统等，研究人员早期对其的认知是物质空间层面，包括空间构成要素、空间形态、功能结构等，例如霍华德（Ebenezer Howard）提出的田园城市、赖特（Frank Lloyd Wright）提出的广亩城市等，均是以改善城市建成环境为目的的城市构想。此后，凯文·林奇（Kevin Lynch）提出城市五要素，卡米诺·西特（Camillo Sitte）认为城市建设应遵循艺术原则，并将三维空间引入城市设计中。由于空间的规划设计最终服务于人，在人的需求引导下，建成环境的空间设计逐渐转向关注人的行为活动，其中，建成环境对人的体力活动、身体健康、交通出行等影响受到广泛关注。随着城市气候与环境问题的突出，建成环境也转向关注城市生态环境问题，包括应对城市热岛效应、雨洪管理的空间规划。近年来，关于建成环境与 PM 的研究不断增多，国内外学者试图探索有利于改善大气环境、适应气候的建成环境优化方法，以指导规划设计实践。

由于规划设计最终落实到空间上，因此不得不考虑建成环境复杂多样的空间要素，学者们也试图将其进行归纳，有人分为三类——“密度、混合度和设计”，有人分为六类——“功能多样复合性、区域结构、道路可达性、建筑与人口密度、步行空间特征、建筑与环境形态”。

2.1.2 街区建成环境

街区尺度的建成环境关注微观的街区形态、建筑布局、绿色或开放空间布局等，目前的研究普遍针对社区这一类型街区的建成环境展开。街区作为城市的构成肌理，学者们主要从上述所提的“密度、混合度和设计”三类选取相关指标，衡量不同的建成环境特征。在密度方面，街区人口密度、建筑密度、路网密度、容积率、绿色空间覆盖密度等是常用指标。在混合度方面，街区不同用地类型的占比、土地利用混合度等是广泛使用的指标。在设计方面，可包含社区的封闭或开放性、路网设计、设施网点分布、公共设施的可达性、各个空间场地质量与界面活力等。这些指标反映了街区从二维层面到三维层面的建成环境特征，用于分析 PM 的指标往往也是规划设计中的常用指标，与人们的生活品质息息相关。

对比城市与街区两种尺度的建成环境，可以发现城市建成环境主要从宏观层面探讨城市的整体布局，而街区建成环境针对的是更微观层面的空间环境，落实到具体的规划设计实践上，其研究成果可以为控制性详细规划、城市设计等规划设计内容提供更多设计层面的指引，具有较高的实操性。

2.2 建成环境与 PM 污染的相关研究

2.2.1 研究尺度及空间单元

城市建成环境对 PM 的影响研究涉及区域、城市、街区等不同空间尺度，也对应着不同空间单元的应用。目前相关研究一般使用统计空间单元、栅格空间单元及影响范围空间单元三种类型（表 2.2-1）。

各类空间单元的差异对比　　表 2.2-1

空间单元类型	适用尺度	优势	劣势
统计空间单元	城市/区域尺度	大气颗粒物数据来源较广且方便获取，并能较好地与城市空间形态指标进行匹配	不同空间单元的尺度存在较大差异的情况
栅格空间单元	城市/区域尺度	PM 数据可较全面覆盖研究范围	需重新对栅格网络进行大气颗粒物与空间形态指标的赋值
影响范围空间单元	街区/城市/区域尺度	能较准确地研究特定空间下不同形态指标对大气颗粒物的影响，并可进行多尺度分析	空间形态指标往往需要再计算才能与大气颗粒物数据进行匹配，颗粒物数据也难以全覆盖所有空间

1. 统计空间单元

统计空间单元依据特定行政边界（省、市、市辖区等）、规划管理单元等进行区域划分，是城市规划设计中应用较广泛的一类空间单元。这类空间单元在医学介入下的健康城市研究领域应用较广，近年来逐渐应用在大气环境领域中。McCarty 等以美国所有县为空间单元，分析了城市形态对空气质量的影响。Rodriguez 等基于 249 个欧洲大城市区（European Large Urban Zones，ELUZ）的城市形态区数据，探讨了城市结构与 PM_{10} 等空气污染物浓度之间的关系。郭亮等以武汉市内的 1101 个控规单元，探讨了城市规划因素对 $PM_{2.5}$ 污染暴露的影响。还有以杭州的所有市辖区为空间单元，定量分析了土地利用与 $PM_{2.5}$、PM_{10} 等空气污染物之间的关系。考虑到统计空间单元的空间异质性，研究人员往往需要进行空间自相关分析，探讨空气污染物在空间上的集聚或分散效应，例如中国城市的 $PM_{2.5}$ 浓度存在“高—高”“低—低”及“低—高”等不同空间聚集效果。

这些统计空间单元从较小的控规单元（平均规模 2.5km^2）到较大的城市单体，适用于城市或区域尺度的研究。由于统计空间单元的城市空间形态指标往往有数据库的支撑，$PM_{2.5}$ 数据也可来源于城市或市辖区的污染排放统计，因此二者能较好地相互匹配，但也存在由于不同空间单元规模差异较大而难以直接进行比较的缺陷。

2. 栅格空间单元

栅格空间单元是以某种尺度将研究范围进行等量化栅格处理，再通过一定方式分别计算栅格单元中的 $PM_{2.5}$ 与空间形态指标数据。在中国 6 个城市群及长江三角洲的景观格局与 $PM_{2.5}$ 相关性分析中，10km 与 1km 的空间尺度分别用于进行研究区的栅格划分。在中国 269 个城市空间形态对 $PM_{2.5}$ 的影响研究中，基于遥感反演的 3km 空间分辨率的 $PM_{2.5}$ 数据得到应用。相关研究已将栅格空间单元分辨率提高至 1km，并以武汉市主城区为例分析城市建成环境空间要素对 $PM_{2.5}$ 的影响。

栅格空间单元弥补了空间单元尺度不一致的问题，并可实现数据的空间全域化，因此普遍用于城市及区域尺度的研究。其劣势在于需进一步通过特定方法对栅格单元进行 $PM_{2.5}$ 数据及城市空间形态指标的赋值，并需控制 $PM_{2.5}$ 数据的误差。

3. 影响范围空间单元

影响范围空间单元常以监测点为中心进行一定距离的圆形或方形缓冲作为其影响范围，随着我国监测系统的完善，近年来逐渐兴起以影响范围空间单元展开的研究。大多研究常以市域或省域内的固定监测点为中心，在以不同半径构成的圆形缓冲区内，进行绿色空间格局、城市景观格局与 PM_{10}、$PM_{2.5}$ 的多尺度研究。通过动线测量的方式，也可基于其中关键节点构建不同尺度的圆形缓冲区，研究建筑形态对 $PM_{2.5}$ 的影响。还有的研究以方形空间单元分析绿色空间格局对 PM_{10}、$PM_{2.5}$ 的影响，其边长设定为 1km、2km、3km、4km、5km、6km 六种空间尺度。结合不同用地的识别及 Fragstats 分析的景观格局指数，这些研究大多关注城市景观格局（尤其绿色空间）对 PM 的影响，但较少涉及小尺度的建筑组合布局等空间形态。

由于监测点具有较远的辐射范围，以及缓冲分析具有空间多变性，因此该方法可用于街区、城市甚至区域尺度的研究。其优势在于可较精准地分析特定空间下不同空间形态对 PM 的影响情况，但也存在空间单元不能全覆盖整个城市区域、缓冲区边界与统计边界不一致、需再计算空间形态指标等局限。

2.2.2　影响 PM 的建成环境空间要素及空间指标

近年来，越来越多的研究关注城市建成环境与 PM 之间的关联。即便城市建成环境构成要素、空间形态复杂多样，仍可以将其归纳为三大类：土地利用类型或地表构成、交通系统、建成环境设计特征，基于这三类空间要素或空间指标单独或综合地广泛应用在不同的研究中。在建成环境与 PM 的研究中，虽然不同研究使用的空间要素也不同，涉及不同的空间尺度、空间类型，但相关空间要素仍反映了上述归纳的几个类别。

其中，在土地利用类型方面，城市建设用地可整体分为绿地及居住、商业、工业等构成的其他用地类型，绿地作为重要的生态基础设施，其生态功能一直受到人们重视，其他用地类型则关注其中的建设密度、不同用地类型占比、混合度等。交通体系关注街道连通性、交通设施布局等，而交通排放是产生 PM 的主要来源之一，因此合理布局交通体系、交通设施，引导有序畅通的交通秩序，对减轻 PM 污染具有一定作用。建成环境设计特征落实在更微观的层面，例如绿地空间布局或结构、休闲娱乐设施、街道宽度、类型等，对 PM、出行方式、健康等均造成一定影响。由此可知，即使建成环境涉及不同空间尺度，在其三个类别中，人工营造的公园绿地、附属绿地等绿地类型，甚至庭院绿化、街道的行道树均是绿色空间范畴，属于城市软质地表，对缓解 PM 污染具有显著作用。而与此相对的道路、建筑及灰色基础设施等是城市硬质地表的主要构成要素，易于形成 PM 污染，也有学者将其纳入灰色空间。可见，以绿色空间与灰色空间构建的建成环境体系，可较大程度地涵盖建成环境的绝大部分特征，且它们分别是建成环境影响 PM 的“汇”要素与“源”要素，有助于研究人员进一步探索它们与 PM 之间的关系。

综上所述，结合相关文献，建成环境与 PM 的相关研究可以归纳为以下三个维度：整体层面上的城市地表覆盖，以及以此划分的绿色空间与灰色空间。

1. 城市地表覆盖

随着城市的发展，下垫面的变化削弱了地表对扬尘、尾气等的拦截、过滤和吸附能力，尤其是硬质下垫面的增加与软质下垫面的减少，使 PM 污染越发严重。相关研究基于遥感影像，通过监督分类、非监督分类等方法，或利用现有统计数据，识别出不同的地表覆盖类型（建设用地、林地、草地、农田、水体、裸地等），并与遥感反演的 PM 浓度进行相关分析。研究主要从地表构成及地表景观格局两方面展开。

在地表构成方面，不同用地类型会对 PM 浓度产生不同的影响，基本呈现“建设用地上空 PM 浓度高，生态用地（林地、草地、水体）上空 PM 浓度低”的规律，主要是人们的生产生活、交通等活动造成这一结果。而农田的 PM 浓度受季节的影响较大，在秋冬季，往往由于秸秆燃烧导致严重的 PM 污染。在建设用地中，PM_{10} 主要分布在工业用地，而居住用地自身造成的 PM_{10} 浓度较低，但容易受周边污染扩散影响。$PM_{2.5}$ 在工业、交通、居住、商业等用地类型中的浓度依次上升。在对比分析不同城市用地类型对 PM 污染的影响程度时发现，在 500m 半径范围内，$PM_{1.0}$、$PM_{2.5}$、PM_{10} 的浓度与建筑面积均呈显著正相关，相关系数在 0.39 以上（$P<0.05$），与绿地或林地面积均呈显著负相关，相关系数在－0.53 以上（$P<0.01$）。进一步研究发现，建设用地面积每增加 10%，PM_{10} 浓度可提升 9%，其中工业用地面积每增加 10%，PM_{10} 浓度可提升 1%。而许珊等发现土地利用与 PM_{10} 的关系相对不稳定，建设用地面积与 PM_{10} 的浓度呈负相关，其原因在于城市正处于高速城市化发展时，工业和建造引起的 PM_{10} 污染远超过其他区域，因此造成小面积的建设用地拥有高浓度 PM_{10}。

在地表景观格局方面，不同地表覆盖之间的综合复杂作用对 PM 具有显著的影响（表 2.2-2）。在城市建成区中，PM_{10}、$PM_{2.5}$ 浓度随地表景观的 LSI（景观形状指数）、SHDI（香浓多样性指数）与 SHEI（香浓均匀度指数）的增加而降低，随其 AI（聚集度指数）、CONTAG（蔓延度指数）与 DIVISION（景观分割指数）的增加而增加，即复杂、多样、不均匀分布的景观格局有利于 $PM_{2.5}$ 浓度的消减，而蔓延、破碎的景观不利于空气质量。在长江三角洲地区，地表景观的 AWMSI（面积加权平均形状指数）、PARA _ MN（平均周长面积比）与 $PM_{2.5}$ 浓度呈负相关，说明该地区整体地表景观越不规则，$PM_{2.5}$ 浓度越低。然而，这些景观格局对 $PM_{2.5}$ 的影响也具有不稳定性，PAFRAC（分维度指数）、IJI（散布与并列指数）、SHDI、AI 等指标与 $PM_{2.5}$ 浓度在京津冀、长三角、珠三角、长株潭等地区呈现的相关性趋势相反。

影响 PM 的地表景观格局主要指标　　表 2.2-2

指标名称	简称	含义
蔓延度指数	CONTAG	地表景观中不同景观类型的团聚程度或延展趋势
香浓均匀度指数	SHEI	地表景观中一种或多种景观类型的优势度
香浓多样性指数	SHDI	地表景观类型的多样性
景观分割指数	DIVISION	地表景观的破碎程度
聚集度指数	AI	地表景观的聚集程度
面积加权平均形状指数	AWMSI	地表景观的不规则程度
平均周长面积比	PARA_MN	用于衡量地表景观的不规则程度

2. 城市绿色空间

城市绿色空间形态相关指标的研究主要分为两方面：（1）绿色空间构成/组分，用于衡量绿色空间的数量、占比或规模；（2）绿色空间结构/格局，用于衡量绿色空间的结构或空间分布。这类指标主要通过 Fragstats 软件计算绿色斑块的景观格局指数，目前街区尺度的研究主要从绿色生态网络的构建单元——“斑块—廊道—基质”展开探讨。

1）绿色斑块对 PM 的影响

斑块是城市中不同功能或属性相对同质的空间。在构成斑块的绿色空间类型中，城市绿地、湖泊湿地对消减 PM 污染的作用最大，城市绿地是天然的“吸尘器”，而湖泊湿地能通过增湿效应降低周围空气中的 PM 浓度。

城市绿地对 PM 的消减效果受到其规模、绿量等因素影响，整体表现为绿地规模（以绿地面积为代表）、绿量（以绿化覆盖率为代表）与 PM_{10}、$PM_{2.5}$ 的消减效果呈正相关的规律，即绿地面积越大、绿化覆盖率越高，对 PM_{10}、$PM_{2.5}$ 的消减效果越好。在具体的指标上，王国玉等发现面积在 $50hm^2$ 以上的绿地对 $PM_{2.5}$ 的消减效果较为明显。McDonald 基于数值模拟，认为绿化覆盖率每增加 10%，约可降低 PM_{10} 浓度 7.8%。余梓木得出绿地面积（x）与其影响距离（y）的函数关系为 $y=0.0012x+104.62$（$R^2=0.8773$），绿地面积越大，所影响的距离也越远，在其研究中，最大面积绿地（$25hm^2$）可影响其周围约 450m 范围内的 PM 浓度。在绿地空间形态上，在 2～3km 甚至更小的空间单元，绿色空间的 EL（边缘长度）、ED（边缘密度）与 $PM_{2.5}$ 浓度呈显著正相关，表明越破碎的绿地布局，$PM_{2.5}$ 浓度越高。但雷雅凯等得出在夏季，$PM_{2.5}$ 浓度与绿地的 DIVISION 呈显著负相关，即破碎化布局有利于降低 $PM_{2.5}$ 的浓度。以上研究成果说明绿地形态对 PM 的影响作用较为复杂，仍有待人们进行进一步的研究。

湖泊湿地对 PM 的消减效果受到其规模、形态等因素的影响。朱春阳等对武汉城市三环内主城区 8 块湖泊湿地进行定量测量，发现 PM_{10}、$PM_{2.5}$ 的消减效果与湖泊湿地面积、位置指数（离城区中心距离）、LSI 呈正相关（$P<0.05$）。当湖泊湿地面积为 12.2hm^2 时，越发明显地表现出降低 PM_{10}、$PM_{2.5}$ 浓度的正效应，此后效应趋于稳定。湖泊湿地的景观形状指数能反映其空间形态的复杂程度，形态越复杂，消减效果越明显。因此，在提高湖泊湿地面积、丰富空间形态的基础上，增加湿地数量对整个城市的空气质量改善作用效果显著。

2）绿色廊道对 PM 的影响

廊道是线性的景观要素，对连接生态斑块起着重要作用，交通线路是廊道重要的组成部分。由于道路是城市产生 PM 的重要来源，道路绿带也成为目前主要的研究对象。

道路绿带的宽度、高度、长度、种植间隔等空间形态对其消减 PM 均产生较大影响，影响来源于两个方面：一是绿色植物对 PM 的吸附滞留作用，二是道路绿带中上述形态指标的差异性会影响道路微气候，产生的“微峡谷效应”会改变道路中的气流方向与速度，影响 PM 的扩散。设定若干影响因素，并赋予其不同值，通过对比试验，可得到对 PM 消减最显著的道路绿带空间形态。牟浩通过设置若干组不同绿带宽度的对照实验，总结得出城市主干道、次干道、支路的道路绿带宽度分别为 10m、5m、5m 时，对 PM_{10}、$PM_{2.5}$ 的消减效果最显著。李萍等以 2m 高的遮阴网模拟绿带，通过不同绿带种植间隔组合的模拟，得到 10m、12.5m 交错的种植间隔最有利于降低非机动车道上 PM_{10} 的浓度。这些研究受到不同地域大气 PM 污染程度、气候条件以及所研究 PM 粒径的不同等影响，得到的道路绿带形态有所差异，但整体规律一致。除此之外，城市林带（尤其是防护林带）也是重要的连接廊道，但相关研究对林带的空间形态涉及不多，大多探讨林带中的 PM 变化规律、植物群落类型等问题。

3）绿色基质对 PM 的影响

基质是城市景观的背景生态系统或用地类型，具有面积大、连接度高的特点。城市中的大片森林可净化并产生新鲜空气，是绿色空间主要的基质类型。关于森林外部形态或规模的相关研究较少，森林的内部形态，包括森林的密度、郁闭度、疏透度等都会影响局部小气候，如改变风速和湍流，森林密度越高、郁闭度越高、疏透度越低，越有利于 PM 的干沉降。此外，关于森林调控 PM 的研究主要集中在森林的植被类型、结构、植物个体等方面。

3. 城市灰色空间

城市建设用地的扩张加剧了 PM 的人为排放，城市中以道路、硬质地面等构成的与绿色空间相对的灰色空间受到学者们的关注，在街区尺度，学者们主要关注居住区、商业区及城市街道峡谷等空间。

城市街区空间是人们日常活动频繁的场所，居住区与商业区是城市中普遍存在的两种街区类型，也是街区尺度研究的关注点。有研究表明，居住区的建筑密度、硬质地面比例与 $PM_{2.5}$ 的消减量呈显著负相关关系，而建筑的破碎分布能提高居住区的通风环境，有利于降低 $PM_{2.5}$ 的浓度。高层建筑影响街区流场，从而影响污染物的扩散模式，而建筑高度差异性的增加，却有利于降低污染物浓度。另外，研究表明，在城市的普遍街区中，容积率与 $PM_{2.5}$ 浓度呈显著正相关的规律。

在更微观层面，街道峡谷（街谷）是街区中特殊的空间形式，由道路与两侧建筑形成的带状空间，由于道路上汽车尾气排放，这类空间的 PM 污染异常严重。相比城市尺度，街区尺度的 PM 污染更易于通过人工调控的手段进行治理。街区的空间形态影响着它的气流场，从而影响 PM 的扩散，可优化其空间形态，形成城市内部广义通风廊道的重要一段。数值模拟被广泛应用于研究中，过去大多基于街谷断面或街道平面等二维空间上进行研究，此后利用 CFD 软件进行三维场景模拟。从这些模拟结果可知，街道高宽比、长宽比、两侧建筑高度比等街谷空间形态是影响 PM 浓度及分布的主要因素。邱巧玲等建议把街谷高宽比控制在 0.6～1.2，把长高比控制在 5 左右，并避免沿街建筑高度趋于一致。当街谷两边的建筑高度比小于 1 或等于 2 时，有利于通风并降低 PM 浓度。她还提出了理想的城市街道规划布置模式。王纪武等基于 CFD 对杭州中山路街谷进行模拟，得知在街谷的 4 个关键竖向区段（1.7m、5～10m、10～20m、20m 以上）中，PM 浓度随着高度的升高而降低，10m 以下的空间污染程度最严重，并发现街谷背风面的污染程度比迎风面严重，因而建议将住宅建筑布置在街谷的下风向，而公共建筑适宜布置在街谷的上风向。街谷底层往往是污染最为严重的空间，对人群的危害也最大。为了改善空气质量，除了控制上述形态指标，还需打破底层连续封闭的空间形态，减小街谷的横向长度，改善通风环境，以缓解污染情况。

2.3 基于 PM 改善的空间优化相关研究

历史上，欧美发达国家也曾经历过严重的 PM 污染，从它们的治理经验来看，主要侧重于城市尺度的通风廊道网络、城市绿地系统及城市空间结构等优化策略，而街区尺度的空间形态优化策略涉及较少。

2.3.1 通风廊道网络

德国学者最早提出通风系统由作用空间（需要改善风环境或降低污染的地区）、补偿空间（产生新鲜空气或局部风系统的来源地）及空气引导通道（风道）组成，起到空气污染治理作用的则是补偿空间与风道。德国斯图加特市通过建设风道网络治理 PM 污染成为一个典型的成功案例。目前，我国武汉、长沙、西安等城市也正针对较严重的 PM 污染进行风道网络规划专项研究。

风道网络的构建形式主要是整合城市现有生态廊道与生态空间资源，例如城市近郊的农田、森林、湖泊，以及城市内部水系、主要交通干道、铁路、绿地等建立风道，即狭义上的风道网络。随着城市建设密度的提高，城市内部的通风环境逐渐受阻，因此合理配置城市内部空间结构，控制城市中的建筑密度、高度、体型等，也可对改善城市内部的通风环境起到良好作用，即广义上的风道网络。其具体的构建需考虑空气动力学地表粗糙度、风道长度和宽度、风道中的障碍物（包括建筑和植被）宽度等因素。

风道网络在规划布局过程中，早期研究依靠规划者对场地主导风向、地形地貌、污染源分布、下垫面粗糙度等分析，并结合场地现有的生态空间确定通风格局。后期研究更倾向于结合 WRF（气象研究与预测模型）、CFD（计算流体动力学）、GIS、RS 等技术对场地通风环境进行模拟，识别不同等级的风道。林欣在对深圳市通风廊道的研究中，绘制了 1 天共 6 个时间点的通风廊道分析图，并将不同时段的风廊叠加起来。研究发现，深圳市的多中心、多组团的空间结构与组团之间的绿地、山体、水体等对于整个城市风的渗入和空气流通具有十分重要的意义。还有研究在风道网络规划后，利用 WRF 模拟城市冬季风环境，发现风道处的风速明显提高，设置的风道网络可引入郊外干净、清新的空气，使城市空气质量得到改善。

因此，风道网络对 PM 污染的治理，主要通过改善城市风环境来加速 PM 的扩散；其次，廊道中绿色植被的吸附作用也有助于降低空气中的 PM 浓度。但由于城市空间结构、土地利用会对通风廊道形成诸多不利因素，使得城市需要开展风道优化或重构研究。

2.3.2 绿地系统

城市绿地可通过绿色植物的滞尘作用来降低空气的 PM 浓度，将这些绿地连通成网，形成市域层面的生态保护屏障。

在绿地系统的几种典型结构中，环状绿地、楔形绿地、网状绿地被人们认为是有利于改善空气质量的结构类型。环状绿地的布局往往是为了控制城市无序增长，同时扩大绿地规模，有机结合城市交通、开放空间系统。例如，伦敦在规划中，将“环城绿带”作为控制 PM 污染的一项重要城市规划手段，在其规划后期（20 世纪 80 年代），城市外围所建大型环形绿地面积达 4434km^2，是城市面积的 2.82 倍，大大降低了城市的 PM_{10} 浓度；在绿地空间形态上，强调绿色空间的网络性与连通性，即使在建筑密集区中也有绿地穿入，增加其可进入性。楔形绿地可以将城区与郊区的自然环境有机地结合，往往也是城市重要的通风廊道，可将郊区新鲜空气输送至城区，通过空气流通缓解城市中心及腹地严重的 PM 污染。赵红斌等依据软微风玫瑰图，利用西安市现有大面积森林植被及河流，构建了西南与东北方向的楔形风道，用于缓解市区 PM 污染。网状绿地则结合点、线、面、环、楔、廊等类型绿地，尤其是通过绿色林网与蓝色水网的构建，强调绿地斑块间的连接，对区域 PM 污染治理起到重要作用。德国鲁尔工业区制定了“绿色计划”，进行大规模绿色空间建设，依托各组团的山水、森林、耕地等生态资源隔离污染区，在工业密集区内建立自然保护区，将散置的绿色空间连成生态网络。最终园区形成了 7.5 万 hm^2 绿地，3000 多个大小不一的公园。此外，鲁尔区依托绿道建设，为工业区营造出绿色生态、安全舒适的空间环境。区内的居民点组团、邻里单元之间都通过一定范围的开放空间形成组团隔离，同时形成连续性的网络连接起各个街区。

2.3.3　城市空间结构

城市的发展往往经历从单中心结构向多中心结构的转变，这个过程也伴随着人口、产业转移。20 世纪 90 年代，许多学者认为单中心结构的城市可以缩短通勤距离、减少能源消耗，对空气质量最有利。然而，将城市开放空间、土地利用等诸多因素考虑在内，学者们认为多中心结构由于其发展的集聚性，对控制 PM 污染更有效。为了从整体上缓解 PM 污染，需限制建成区范围，减少城市破碎化程度，提高城市紧凑度。

相关研究人员正逐步对如何优化城市形态进行探讨，用定量的方式为规划策略提供指引。宋彦等用情景规划来模拟城市的不同发展模式，相对于城市蔓延发展模式，采用精明增长的土地利用方式能显著改变居民的出行行为，增加公共交通的分担率，从而有效降低汽车使用率和尾气排放量。郭佳星基于受城市形态最直接影响的交通污染，构建了“土地利用-交通需求-交通分配-交通排放-交通扩散-健康暴露”的集成模型框架，用于揭示城市形态对空气质量影响的内在机制，并通过人体暴露指数来评估政策的实施效果，为制定可持续的城市形态提供科学依据。

第3章 街区间 $PM_{2.5}$ 空间分布特征及差异性

3.1 研究区概况

3.1.1 气候环境

武汉、合肥、南京、上海和杭州地处长江中下游地区，均属于北亚热带季风性湿润气候，因此拥有相似的气候特征，即夏季炎热、冬季湿冷，四季气候分明。

本书通过国家气象科学数据中心获得2016—2017年5个城市逐日的气温、相对湿度和风速数据，进一步了解其气候特征（图3.1-1）。可以看出，5个城市的气温极为接近，也具有相同的月度变化特征。5个城市的相对湿度均较高，月平均值基本维持在60%～90%之间。5个城市的月平均风速虽然有所差异，但总体都低于3m/s，上海和南京的风速偏高（2～3m/s之间），武汉和合肥的风速偏低（1～2m/s之间）。由于它们对 $PM_{2.5}$ 有显著影响，将纳入后期的分析过程。

3.1.2 建成环境特征

下面以1000m×1000m的栅格单元为对象，从精细的角度分析5个城市核心建成区的建成环境特征，包括街区肌理、绿色空间、建筑布局、道路形式等。伴随着我国20世纪末以来的快速城镇化进程，武汉等5个城市同样面临着我国城市普遍存在的问题，受历史、地理、经济、社会、政策等多方因素影响，不论是城市新建街区，或基于原有街区的改造更新，城市街区环境均受到不同程度的改变，丧失了特色和辨识度，建设密度高、强度大是发展过程的共同趋势。从城市街区的现实情况来看，这些城市形成了老城区、现代住区、商业、新兴区、产业园区、工业区等多种街区类型共存的格局。不同街区类型的空间肌理差异较大，

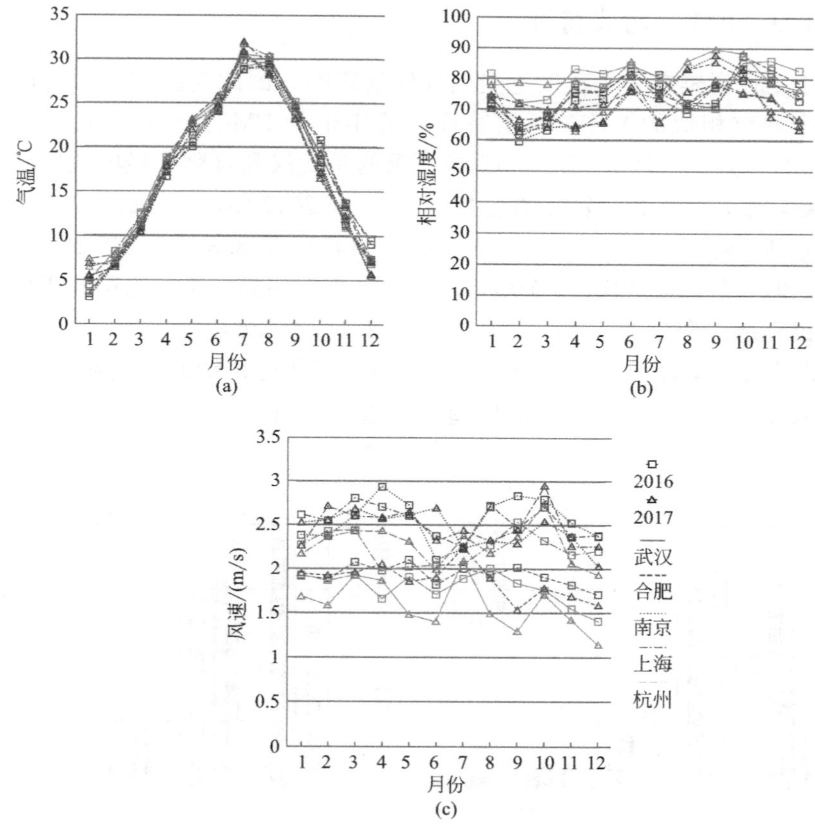

图 3.1-1　2016—2017 年 5 个城市的气温、相对湿度与风速

(a) 气温；(b) 相对湿度；(c) 风速

其中，老城区呈现低层、高密度及无序的建筑空间布局，绿化覆盖率较低，且缺乏公共空间，穿插着窄小的街巷；现代住区街区通常以行列式、半围合式等方式进行有序的建筑布局，建筑密度适中，绿化也有所改善，在城市中的分布最广泛；商业街区的建筑规模以及形态差异较大，能够拥有集中的绿地；教育属性街区以高等院校为主，建筑分布相对疏散、密度低，有较大规模的绿色空间；产业园区或工业区则是低层大体量的布局模式。这些差异化的建成环境对 $PM_{2.5}$ 有着不同的影响，例如，高层、高密度及大体量的建筑分布不利于街区形成良好的通风环境，从而影响 $PM_{2.5}$ 在街区中的扩散效果。因此，深入地了解其中的影响机制对改善街区 $PM_{2.5}$ 污染意义重大。

在本研究中，5 个城市中城市点所形成的街区单元主要以居住区为主，同时包括商业、商住混合、教育科研、行政办公、商务、文化设施等多种用地类型的街区，因此可较全面覆盖各种街区类型，有利于在后续分析中得到普遍性结论。

3.1.3 $PM_{2.5}$ 污染特征

由于 PM 污染在很大程度上受到气候的影响，因此这些相似的气候条件产生了 5 个城市相似的 $PM_{2.5}$ 污染特征，近年来的 $PM_{2.5}$ 污染情况也较为接近（图 3.1-2）。其中，$PM_{2.5}$ 污染相对较严重的是武汉和合肥；轻度及以上污染程度的天数较多，污染相对较轻的是上海。2016—2017 年，5 个城市的 $PM_{2.5}$ 年平均浓度分别下降了 8.6%、2.1%、15.7%、14.1%、8.8%。虽然 $PM_{2.5}$ 污染逐渐改善，但问题仍较严峻，5 个城市的 $PM_{2.5}$ 轻度污染、中度污染与重度污染的平均天数分别占全年的 10.1%～13.2%、2.1%～4.6%、0.4%～1.1%。尽管 $PM_{2.5}$ 的日均浓度为严重污染的天数并不多，但在更精细的时间粒度上，$PM_{2.5}$ 的逐时浓度在每日污染的高峰时段超过严重污染门槛（250μg/m³）的情况也频频发生。

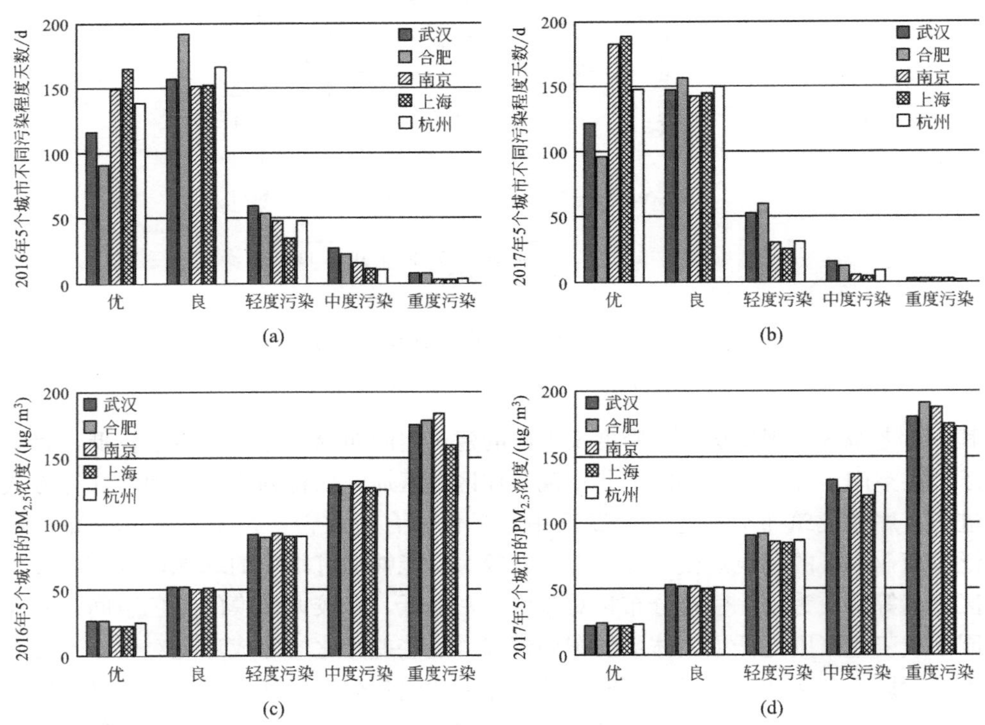

图 3.1-2　2016—2017 年 5 个城市不同 $PM_{2.5}$ 污染程度天数

（a）2016 年 5 个城市不同污染程度天数；（b）2017 年 5 个城市不同污染程度天数；

（c）2016 年 5 个城市的 $PM_{2.5}$ 浓度；（d）2017 年 5 个城市的 $PM_{2.5}$ 浓度

3.2 研究方法

3.2.1 街区样本筛选

本研究把以城市点为中心形成的 1000m×1000m 空间单元作为街区。5 个城市的核心建成区范围内一共分布着 47 个城市点，经过评估后，选取其中的 41 个用于分析。排除掉的 6 个城市点位于风景区、公园绿地中，例如武汉的东湖梨园、南京的玄武湖、杭州的西溪、卧龙桥等，使其形成的街区完全为生态属性用地。余下的 41 个城市点构建的街区基本呈现城市普遍街区的构成要素（植被、建筑、道路等）。此外，结合“实时空气质量指数地图”中的各城市点分布，在 ArcGIS 中通过高精度的经纬度信息精确定位到各个街区的空间位置。总体来看，纳入分析的街区包含了多种用地与绿地类型，以居住街区为主，同时反映了各城市建成区中不同区域的建成环境特征。

3.2.2 $PM_{2.5}$ 数据来源与处理

1. 数据来源

5 个城市、41 个城市点的 $PM_{2.5}$ 浓度数据均来源于“中国环境监测总站”(China National Environmental Monitoring Centre，CNEMC)。这些数据的测量方式采用统一标准——“国家环境保护标准”（HJ 655—2013）中的《环境空气颗粒物（PM_{10} 和 $PM_{2.5}$）连续自动监测系统安装和验收技术规范》，相同的测量方法可确保数据之间的可比性。由于数据量大，同样来源的数据也普遍使用在其他研究中，例如中国 23 个城市点与背景点的 PM_{10}、$PM_{2.5}$ 的时空格局研究，多城市绿地景观格局对 PM 的影响研究。

2. 数据处理

通过以上平台，可获得 2015 年至今的 $PM_{2.5}$ 浓度数据，但由于此后部分站点的淘汰或更新，造成不同年份的数据存在站点间的差异。为了保证数据的连续性与有效性，选择交集最多的 2016—2017 两年的数据进行分析，获得的数据为逐时 $PM_{2.5}$ 浓度。从理论上看，各个站点 2 年的数据总量为 17 520 条，但不同站点大多存在数据缺失或异常的情况，因此在分析前先对 $PM_{2.5}$ 浓度数据进行了检验，检验的依据来源于《环境空气质量标准》GB 3095—2012。首先，在去除缺失值、突增或突减的异常值以后，仅当当日的有效逐时数据量不少于 20h 时才被用于计算 $PM_{2.5}$ 日均浓度。经处理后，发现数据存在的主要问题为数据缺失，但缺失数据在同一城市的站点具有相似的分布特征，在城市间有所差别，5 个城市分别得到 341～353d（2016 年）、330～346d（2017 年）的有效数据量。其次，

2016 年 1—6 月份上海的 SH6 存在缺失，运用目前应用较多的数据插补方法——回归插补，建立该站点与上海其他站点不同月份的逐时 $PM_{2.5}$ 浓度之间的回归模型，推算出该站点的 $PM_{2.5}$ 浓度。本研究建立的模型拟合度 R^2 均在 0.940 以上，并通过预测值与实际值的验证，发现预测的该站点 $PM_{2.5}$ 浓度较准确。最后，以整个城市的 $PM_{2.5}$ 浓度为准，按照 $PM_{2.5}$ 的 5 种不同污染程度（优：$<35\mu g/m^3$，良：$35\sim75\mu g/m^3$，轻度污染：$75\sim115\mu g/m^3$，中度污染：$115\sim150\mu g/m^3$，重度污染：$150\sim250\mu g/m^3$），将每一天的污染程度进行分类，为后续不同污染程度的街区 $PM_{2.5}$ 空间分析奠定基础。由于严重污染天数较少，甚至有的城市无严重污染情况，故不将此污染程度纳入研究范畴。

由于城市点的代表范围为 500～4000m，因此各站点的 $PM_{2.5}$ 能反映它们所在街区的污染水平，以此衡量不同街区的 $PM_{2.5}$ 浓度值，用所有站点的均值来衡量整个城市的 $PM_{2.5}$ 污染水平。

3.2.3 $PM_{2.5}$ 指标

鉴于 $PM_{2.5}$ 存在显著的时间动态变化特征，本研究从 $PM_{2.5}$ 的绝对浓度（以下简称“$PM_{2.5}$ 浓度”）与相对指标两个维度展开分析。其中，$PM_{2.5}$ 浓度客观反映了街区 $PM_{2.5}$ 的污染水平，$PM_{2.5}$ 相对指标反映了 $PM_{2.5}$ 的动态变化特征。由于研究街区分布在 5 个城市，虽然 5 个城市拥有相似的气候与 $PM_{2.5}$ 污染特征，但为了进一步消除各个城市之间 $PM_{2.5}$ 背景浓度的差异，增加它们的可比性，通过以下标准进行严格把控。

首先，分析中需要限定 5 个城市相同的 $PM_{2.5}$ 数据量。筛选数据前，应先剔除雨雪、大风天气的数据。对于各个街区，所选的各天 $PM_{2.5}$ 数据还应具有显著增长及降低的完整变化区段，即 $PM_{2.5}$ 从一个较低的水平逐渐增长至峰值，随后趋于平稳，或急速下降后趋于平稳（图 3.2-1）。考虑到各污染程度具有显著日变化趋势的天数仅占一小部分，且 5 个城市不同 $PM_{2.5}$ 污染程度的天数不完全一致，因此，依据 2016、2017 年 5 个城市各污染程度的平均天数，以 10％的抽样比例确定它们的天数。由于重度污染天数较少，该污染程度天数的确定以重度污染天数最少的城市为基准。其次，确定各个城市 $PM_{2.5}$ 数据的具体分布。对于各个污染程度，在选取不同城市的 $PM_{2.5}$ 数据时，以该城市整体的 $PM_{2.5}$ 浓度为参照，选择 5 个城市当天污染水平一致的数据，并保证这些数据相对均匀地分布在各个月。经过以上步骤，最终确定了 5 个城市 2016 年（2017 年）$PM_{2.5}$ 为优、良、轻度污染、中度污染、重度污染的天数分别为 10d（16d）、16d（14d）、8d（8d）、3d（2d）、2d（1d），共计 80d。同时，得到的不同城市 $PM_{2.5}$ 数据具有相似的污染水平，加之不同城市设置的城市点拥有相同的监测设备，以相同的监测设置、方法与标准进行 $PM_{2.5}$ 测量，确保了它们的可比性。

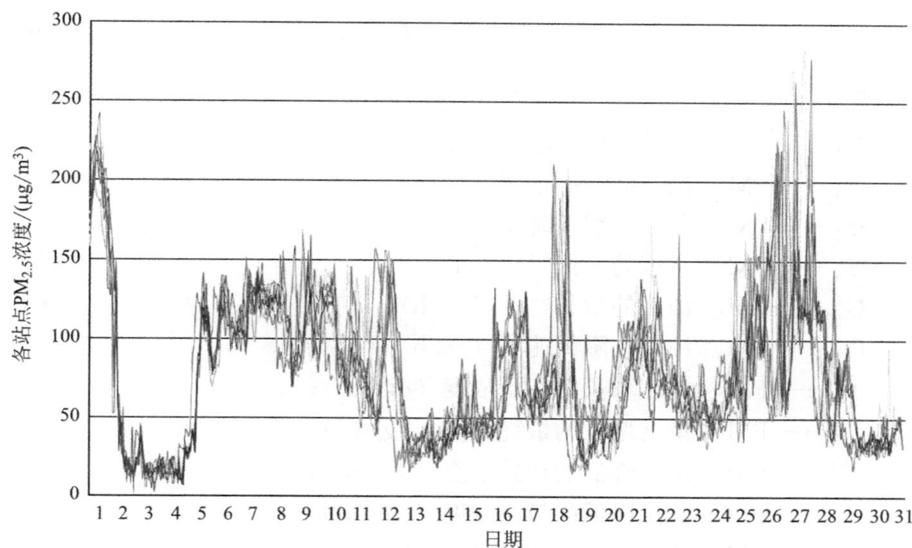

图 3.2-1　合肥 9 个站点 2017 年 1 月的 $PM_{2.5}$ 浓度逐时变化趋势

1. $PM_{2.5}$ 浓度指标

基于上述 $PM_{2.5}$ 浓度数据，取平均值以排除单日数据造成的偶然误差。首先将各街区的 80d $PM_{2.5}$ 浓度进行平均，分析街区的整体 $PM_{2.5}$ 污染水平；再分别将各街区 80d 中同一污染程度的 $PM_{2.5}$ 浓度进行平均，分析不同污染程度街区的污染特征。

2. $PM_{2.5}$ 相对指标

$PM_{2.5}$ 相对指标是基于 $PM_{2.5}$ 浓度显著的逐时变化特征得以计算，有利于消除不同城市存在的 $PM_{2.5}$ 背景浓度差异。由于优、良空气质量下 $PM_{2.5}$ 污染往往变化幅度较小，故仅分析轻度、中度、重度三种污染程度的 $PM_{2.5}$ 相对指标。不同街区 $PM_{2.5}$ 变化区段的时长或许不同（一般短于 1d），仅将 $PM_{2.5}$ 开始增长及最终平稳两个时刻的浓度值作为 $PM_{2.5}$ 相对指标的计算依据。

基于这些数据，从 $PM_{2.5}$ 浓度增长与降低的幅度、时长、速率三个维度计算 $PM_{2.5}$ 的相对指标，计算公式如下：

$$C_{\uparrow}=\frac{C-C_0}{C_0}\times 100\% \tag{3.2-1}$$

$$\Delta t_{\uparrow}=t-t_0 \tag{3.2-2}$$

$$C_{\wedge}=\frac{C_{\uparrow}}{\Delta t_{\uparrow}} \tag{3.2-3}$$

$$C_{\downarrow}=\frac{C_0'-C'}{C_0'}\times 100\% \tag{3.2-4}$$

$$\Delta t_{\downarrow}=t'-t'_0 \tag{3.2-5}$$

$$C_{\vee}=\frac{C_{\downarrow}}{\Delta t_{\downarrow}} \tag{3.2-6}$$

式中 $C_{\uparrow}$——$PM_{2.5}$ 浓度的增长幅度（%）；

$C_{\downarrow}$——$PM_{2.5}$ 浓度的降低幅度（%）；

$\Delta t_{\uparrow}$——$PM_{2.5}$ 浓度的增长时长（h）；

$\Delta t_{\downarrow}$——$PM_{2.5}$ 浓度的降低时长（h）；

$C_{\wedge}$——$PM_{2.5}$ 浓度的增长速率（%/h）；

$C_{\vee}$——$PM_{2.5}$ 浓度的降低速率（%/h）；

C_0——$PM_{2.5}$ 浓度增长的初始浓度（$\mu g/m^3$）；

C——$PM_{2.5}$ 浓度增长的最终浓度（$\mu g/m^3$）；

C'_0——$PM_{2.5}$ 浓度降低的初始浓度（$\mu g/m^3$）；

C'——$PM_{2.5}$ 浓度降低的最终浓度（$\mu g/m^3$）

t_0——$PM_{2.5}$ 浓度增长的初始时间（h）；

t——$PM_{2.5}$ 浓度增长的最终时间（h）；

t'_0——$PM_{2.5}$ 浓度降低的初始时间（h）；

t'——$PM_{2.5}$ 浓度降低的最终时间（h）。

同样，分别计算各污染程度下 $PM_{2.5}$ 各个相对指标的平均值用于分析，以排除单一天数造成的偶然误差。

3.2.4 数据分析

1. $PM_{2.5}$ 浓度与相对指标的空间分布特征分析

分析不同街区 $PM_{2.5}$ 污染的整体特征，分别将各街区 2016 年、2017 年的 $PM_{2.5}$ 浓度取平均值；再将各街区 2016—2017 年不同污染程度的 $PM_{2.5}$ 浓度分别取平均值，分析不同污染程度下各街区 $PM_{2.5}$ 污染的特征。在各个 $PM_{2.5}$ 相对指标空间分布特征描述的基础上，结合单因素方差分析量化不同街区之间的 $PM_{2.5}$ 相对指标的差值大小。

2. $PM_{2.5}$ 污染的差异程度分析

该分析是从 $PM_{2.5}$ 的浓度与相对指标两个测度指标，与不同污染程度等维度，通过两个指标量化街区 $PM_{2.5}$ 的差异程度。首先，采用标准差（Standard Deviation，σ）分析各个城市内部不同街区 $PM_{2.5}$ 的绝对差异。标准差反映城市不同街区 $PM_{2.5}$ 浓度/相对指标在数值上的离散程度，标准差越大，说明 $PM_{2.5}$ 的绝对差异越大。标准差的计算公式如下：

$$\sigma_i=\sqrt{\frac{1}{N_i}\sum_{j=1}^{N_i}(x_{ij}-\overline{x}_i)^2} \tag{3.2-7}$$

式中　σ_i——第 i 个城市 $PM_{2.5}$ 浓度/相对指标的标准差（浓度：$\mu g/m^3$；相对指标：%或 h 或%/h）；

i——代表 5 个城市中的第 i 个，$i=1\sim5$；

N_i——第 i 个城市的站点数量；

$\overline{x}_i$——第 i 个城市所有站点的 $PM_{2.5}$ 浓度/相对指标的平均值（浓度：$\mu g/m^3$；相对指标：%或 h 或%/h）；

x_{ij}——第 i 个城市第 j 个站点的 $PM_{2.5}$ 浓度/相对指标（浓度：$\mu g/m^3$；相对指标：%或 h 或%/h）。

其次，为了能够对不同污染程度下不同环境背景浓度的 $PM_{2.5}$ 差异进行对比，采用变异系数（Coefficient of Variation，CV）分析各个城市内部不同街区 $PM_{2.5}$ 的相对差异。该指标用于衡量一组数据之间的相对差异程度，变异系数越大，说明城市中不同街区的 $PM_{2.5}$ 差异越大，目前已广泛运用于 $PM_{2.5}$ 的差异分析。变异系数计算公式如下：

$$CV_i = \frac{\sigma_i}{\overline{x}_i} \tag{3.2-8}$$

式中　CV_i——第 i 个城市 $PM_{2.5}$ 的变异系数；

i——代表 5 个城市中的第 i 个，$i=1\sim5$；

σ_i——第 i 个城市 $PM_{2.5}$ 浓度/相对指标的标准差（浓度：$\mu g/m^3$；相对指标：%或 h 或%/h）；

$\overline{x}_i$——第 i 个城市所有站点的 $PM_{2.5}$ 浓度/相对指标的平均值（浓度：$\mu g/m^3$；相对指标：%或 h 或%/h）。

3.3　$PM_{2.5}$ 浓度的空间分布特征

由于严格控制了 $PM_{2.5}$ 数据的筛选条件，不同城市的街区 $PM_{2.5}$ 浓度处于相似的水平，41 个街区样本的 $PM_{2.5}$ 浓度均值约为 60.8$\mu g/m^3$，但街区间仍存在一定差异。从现有有限的街区样本来看，不同城市的 $PM_{2.5}$ 浓度整体空间分布特征具有一些异质性与相似性的特征，其中，武汉的 $PM_{2.5}$ 浓度呈现中心区低、外围高的格局，合肥为东—东北区高、西—西南区低，杭州、南京与上海则为中心区高、外围低。以各个城市整体的 $PM_{2.5}$ 浓度为基准进行对比，发现其内部街区的 $PM_{2.5}$ 浓度在此基准上下浮动变化较显著，基本维持在 90%～110%的区间范围内，其中南京街区 $PM_{2.5}$ 浓度的变化相对最大，达 86%～113%。

不同污染程度下，5 个城市内部不同街区的 $PM_{2.5}$ 浓度分布整体呈现与全年相似的空间格局，各个城市 $PM_{2.5}$ 浓度最高与最低的街区较为稳定，例如武汉 $PM_{2.5}$ 浓度最高的街区出现在 WH8，最低的为 WH5。但也出现污染严重区转移的现象，尤其在重度污染情况下。例如 HF7 一般处于合肥 $PM_{2.5}$ 浓度中等的水平，而在重度污染时污染最严重，这可能与重度污染频发的冬季气候因素（盛行西北风）以及该街区的地理位置有关。同样分别以不同污染程度时的各城市整体 $PM_{2.5}$ 浓度为参照，5 个城市中街区 $PM_{2.5}$ 浓度浮动变化较高的仍是南京，随着污染程度的增加，街区 $PM_{2.5}$ 浓度的浮动范围大体呈减小的趋势。以南京为例，在城市 $PM_{2.5}$ 浓度为优的水平时，不同街区的 $PM_{2.5}$ 浓度在城市整体水平的 79%～123%上下浮动，但在重度污染时，该浮动区间降为 89%～115%，说明污染程度越严重，城市内部街区的 $PM_{2.5}$ 浓度差异有逐渐缩小的倾向。

3.4　$PM_{2.5}$ 相对指标的空间分布特征

5 个城市的 $C_{\uparrow}$ 空间分布在不同污染程度的 $C_{\uparrow}$ 具有较大差异。$C_{\uparrow}$ 的整体趋势为随污染程度的增加而增加，三种污染程度下 41 个街区的 $C_{\uparrow}$ 平均值（值域范围）分别为 127%（81%～191%）、153%（71%～249%）、179%（85%～341%）。然而不同城市的 $C_{\uparrow}$ 有所差异，武汉、南京、杭州的 $C_{\uparrow}$ 随污染程度的增加而增加，在重度污染时 $C_{\uparrow}$ 相对最高，合肥、上海在中度污染时 $C_{\uparrow}$ 相对较高。可通过不同污染程度 $C_{\uparrow}$ 的单因素方差分析，识别不同污染程度 $C_{\uparrow}$ 的差异程度，由于 $C_{\uparrow}$ 不满足方差齐性检验，采用 Welch 检验，发现轻度污染与中度污染、重度污染的 $C_{\uparrow}$ 分别在 0.05、0.01 水平上差异显著，平均 $C_{\uparrow}$ 差值分别约为 26%、52%，说明污染程度对 $C_{\uparrow}$ 有一定的影响。轻度污染时，$C_{\uparrow}$ 与 $PM_{2.5}$ 浓度具有相似的空间分布规律，即 $PM_{2.5}$ 浓度越高的街区，往往 $C_{\uparrow}$ 也越高，$C_{\uparrow}$ 值最高出现在 HF9，最低值出现在 WH7；中度污染，$C_{\uparrow}$ 与 $PM_{2.5}$ 浓度没有明显的相似空间格局；重度污染，$C_{\uparrow}$ 与 $PM_{2.5}$ 浓度也具有相似的空间格局。

5 个城市的 $C_{\wedge}$ 空间分布与 $C_{\downarrow}$ 具有相似的分布规律。三种污染程度下，$C_{\wedge}$ 的整体趋势为随污染程度的增加而增加，41 个街区的 $C_{\wedge}$ 平均值（值域范围）分别约为 18.8%/h（13.9%/h～29.9%/h）、19.4%/h（12.1%/h～28.3%/h）、25.2%/h（12.6%/h～37.6%/h），重度污染分别与轻度污染、中度污染的 $C_{\wedge}$ 在 0.01 水平上差异显著，平均 $C_{\wedge}$ 差值分别约为 6.4%/h、5.9%/h。轻度污染，$C_{\wedge}$ 的空间分布与 $PM_{2.5}$ 浓度具有较高的一致性，即 $PM_{2.5}$ 浓度越高的街区，往往 $C_{\wedge}$ 也越高，$C_{\wedge}$ 最高的街区为 HF4，最低的街区为 WH7；中度污染，$C_{\wedge}$ 的空间分布与 $PM_{2.5}$ 浓度具有相反的趋势，较高的 $C_{\wedge}$ 主要分布在 $PM_{2.5}$ 浓度较低的上海；重度污染，$C_{\wedge}$ 的空间分布与 $PM_{2.5}$ 浓度无明显相关规律，除上海以外 $C_{\wedge}$ 普遍较高。

5 个城市的 $C_{\downarrow}$ 空间分布在不同污染程度的 $C_{\downarrow}$ 具有较大差异。与 $C_{\uparrow}$ 相比，$C_{\downarrow}$ 具有更小的值与值域范围。41 个街区的 $C_{\downarrow}$ 平均值（值域范围）分别约为

52.9%（46.6%～59.6%）、57.0%（48.4%～70.6%）、56.6%（43.3%～73.0%），轻度污染分别与中度污染、重度污染的 $C_{\downarrow}$ 在 0.01、0.05 水平上差异显著，平均 $C_{\downarrow}$ 差值分别约为 4.1%、3.7%。轻度污染，$C_{\downarrow}$ 与 $PM_{2.5}$ 浓度具有相反的空间分布特征，即 $PM_{2.5}$ 浓度越高的街区，往往 $C_{\downarrow}$ 越低，$C_{\downarrow}$ 最高的街区为 NJ2，最低的街区为 HF9；中度污染，$C_{\downarrow}$ 与 $PM_{2.5}$ 浓度相反空间分布特征更加明显，$C_{\downarrow}$ 在合肥相对较低；重度污染，$C_{\downarrow}$ 的空间分布与 $PM_{2.5}$ 浓度无明显相关规律，较高的 $C_{\downarrow}$ 集中分布在南京。

5 个城市的 C_{V} 空间分布在不同污染程度的 C_{V} 也具有较大差异。C_{V} 随污染程度的增加呈降低的趋势，41 个街区的 C_{V} 平均值（值域范围）分别约为 10.4%/h（7.3%/h～14.3%/h）、9.4%/h（6.0%/h～13.9%/h）、8.8%/h（4.5%/h～14.9%/h），轻度污染分别与中度污染、重度污染的 C_{V} 在 0.05、0.01 水平上差异显著，平均 C_{V} 差值分别约为 1.0%/h、1.6%/h。轻度污染，C_{V} 空间分布与 $PM_{2.5}$ 浓度无明显相关规律，C_{V} 最高的街区为 NJ8，最低的街区为 WH4；中度污染，C_{V} 在合肥相对较低；重度污染，C_{V} 与 $PM_{2.5}$ 浓度呈相反的空间格局，街区 $PM_{2.5}$ 浓度较高的武汉和合肥拥有较低的 C_{V}。

城市街区复杂的建成环境使不同街区之间存在较显著的 $PM_{2.5}$ 浓度差异，上述分析表明，在消除不同城市背景浓度差异之后，$PM_{2.5}$ 相对指标仍存在一定的差异，且污染程度不同时，差异较大。

3.5 街区 $PM_{2.5}$ 差异的量化分析

通过前期 $PM_{2.5}$ 空间分布的分析，对不同街区 $PM_{2.5}$ 的差异有了初步了解。进一步从 $PM_{2.5}$ 浓度与 $PM_{2.5}$ 相对指标两个维度展开，通过标准差进一步量化各个城市内部不同街区 $PM_{2.5}$ 的绝对差异程度，即 $PM_{2.5}$ 数值上的差异，然而不同污染程度的 $PM_{2.5}$ 环境浓度差异较大，不能以标准差进行直接对比，因此用变异系数量化不同街区 $PM_{2.5}$ 的相对差异程度，该指标为相对值，可以进行不同污染程度间的相互比较。

3.5.1 街区 $PM_{2.5}$ 的绝对差异

1. $PM_{2.5}$ 浓度的差异

图 3.5-1 显示了以标准差衡量的整体污染水平及不同污染程度下的街区 $PM_{2.5}$ 浓度的绝对差异。

整体来看，各城市不同街区 $PM_{2.5}$ 浓度的标准差为 0～6μg/m³。南京街区的 $PM_{2.5}$ 浓度标准差最大，合肥、武汉、杭州次之，上海最小，说明南京内部街区 $PM_{2.5}$ 浓度的差异较大，在其平均浓度 6μg/m³ 上下浮动。在不同污染程度下，各城市的差异特征与整体情况类似，由于不同污染程度的环境 $PM_{2.5}$ 浓度的差异，各城市的标准差均呈现随污染程度的增加而增加的趋势。

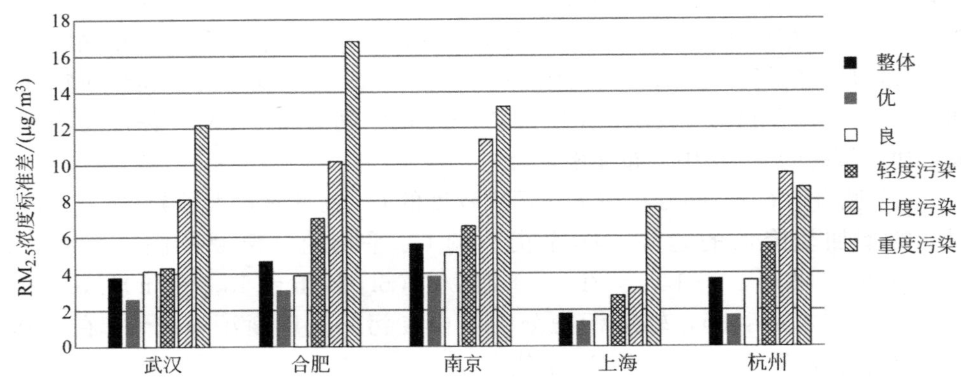

图 3.5-1　5 个城市街区 $PM_{2.5}$ 浓度的标准差

2. $PM_{2.5}$ 相对指标的差异

四类 $PM_{2.5}$ 相对指标在不同污染程度下的差异具有一定的规律特征（图 3.5-2）。

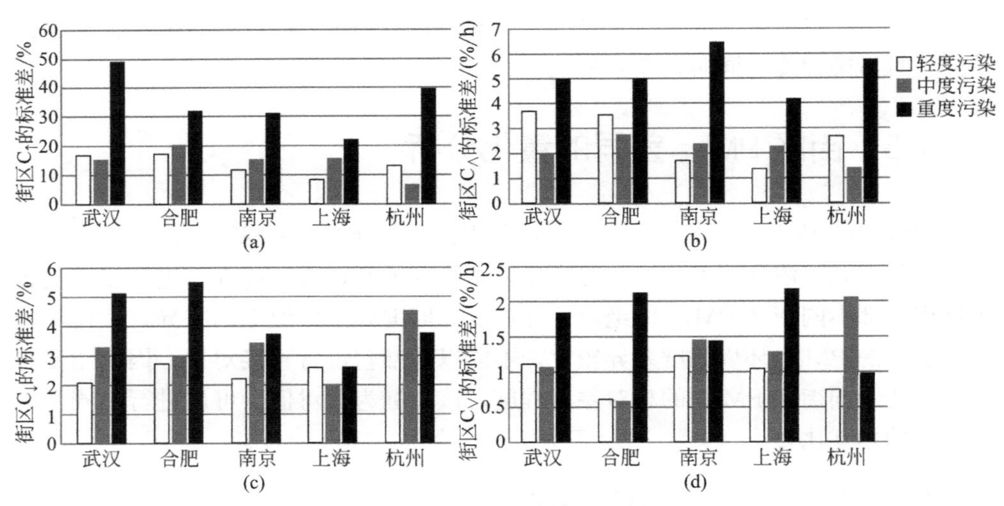

图 3.5-2　5 个城市街区 $PM_{2.5}$ 相对指标的标准差

（a）$C_{\uparrow}$ 的标准差；（b）$C_{\wedge}$ 的标准差；（c）$C_{\downarrow}$ 的标准差；（d）$C_{\vee}$ 的标准差

$C_{\uparrow}$ 与 $C_{\wedge}$ 的标准差随污染程度的增加呈两种变化趋势——先降后升、持续上升，且各城市（除合肥外）$C_{\uparrow}$ 与 $C_{\wedge}$ 的标准差表现出一致的特征。重度污染时，标准差明显高于轻度污染、中度污染。与各个城市各污染程度的 $C_{\uparrow}$ 值相比，它们的标准差最低约占 6.2%～20.4%，最高可占 7.6%～36.1%，同样地，$C_{\wedge}$ 的标准差最低约占 6.7%～20.6%，最高可占 8.5%～51.3%，说明不同街区的 $C_{\uparrow}$

与 $C_{\wedge}$ 具有较大的差异。

$C_{\downarrow}$ 与 $C_{\vee}$ 的标准差随污染程度的增加呈现的变化趋势较为复杂，重度污染下，武汉、合肥 $C_{\downarrow}$ 与 $C_{\vee}$ 的标准差仍显著高于其他污染程度，而杭州 $C_{\downarrow}$ 与 $C_{\vee}$ 的标准差却降低。由于 $C_{\downarrow}$ 与 $C_{\vee}$ 值本身较小，因此标准差普遍分别低于 $C_{\uparrow}$ 与 $C_{\wedge}$。与各个城市各污染程度的 $C_{\downarrow}$ 值相比，它们的标准差最低占 3.2%～8.8%，最高可占 3.5%～12.4%，同样地，$C_{\vee}$ 的标准差最低占 5.3%～21.4%，最高可占 6.5%～47.1%，说明不同街区的 $C_{\downarrow}$ 与 $C_{\vee}$ 具有较高的差异。

虽然不同污染程度、不同城市与指标呈现不一样的规律特征，但它们仍有一些共性的特征，例如轻度污染与中度污染相近的标准差，重度污染显著升高的标准差，再次说明了污染程度对街区 $PM_{2.5}$ 变化有不同程度的影响。此外，$C_{\uparrow}$ 与 $C_{\wedge}$ 的标准差变化的相似性，也与 $C_{\uparrow}$、$C_{\wedge}$ 的空间分布特征相一致。

3.5.2　街区 $PM_{2.5}$ 的相对差异

1. $PM_{2.5}$ 浓度的差异

表 3.5-1 显示了 5 个城市整体污染水平及不同污染程度的 $PM_{2.5}$ 浓度变异系数。整体来看，南京的变异系数最大，说明南京街区之间的 $PM_{2.5}$ 浓度差异较大，这与基于城市整体 $PM_{2.5}$ 污染水平的不同街区 $PM_{2.5}$ 浓度浮动范围及圈层分析的结果具有较高的一致性；合肥、武汉、杭州次之；上海的变异系数最小。

5 个城市 $PM_{2.5}$ 浓度的变异系数　　　　**表 3.5-1**

	武汉	合肥	南京	上海	杭州
整体	0.059	0.070	0.089	0.028	0.055
优	0.101	0.114	0.154	0.056	0.068
良	0.071	0.067	0.088	0.030	0.061
轻度污染	0.048	0.069	0.074	0.030	0.053
中度污染	0.056	0.069	0.077	0.024	0.065
重度污染	0.067	0.089	0.082	0.046	0.051

在不同污染程度下，各个城市 $PM_{2.5}$ 浓度的变异系数呈现与整体污染水平相似的分布规律。其中，5 个城市的变异系数均在 $PM_{2.5}$ 浓度为优时达到最大，且显著高于其他污染程度。随着污染程度的增加，武汉、合肥、南京的变异系数呈缓慢的上升趋势，上海呈先减后增的趋势，杭州呈先增后减的趋势，虽然变化趋势有所不同，但轻度、中度、重度污染时的变异系数差异不大，普遍低于优良状态下的变异系数。

本书通过变异系数定量分析了城市内部不同街区 $PM_{2.5}$ 浓度的差异程度，并且差异程度随城市与 $PM_{2.5}$ 污染程度而异。有学者通过变异系数量化了中国 23

个城市的 $PM_{2.5}$ 浓度差异，发现在污染程度最轻的夏季变异系数最高。本研究亦得到类似的结论，在 $PM_{2.5}$ 污染最轻微的优良天气时，城市内部街区的 $PM_{2.5}$ 浓度差异较大。然而在现实环境中，$PM_{2.5}$ 浓度受多种物质环境影响，因此导致不同城市街区 $PM_{2.5}$ 浓度差异程度及其受污染程度影响的不同。

2. $PM_{2.5}$ 相对指标的差异

表 3.5-2 显示了 5 个城市不同污染程度 $PM_{2.5}$ 相对指标的变异系数，与 $PM_{2.5}$ 浓度的变异系数相比，该变异系数具有相对更高的值。整体来看，各个城市的四种 $PM_{2.5}$ 相对指标的变异系数普遍呈现随污染程度增加而增加的趋势。其中，合肥与南京的变化趋势较稳定，四种 $PM_{2.5}$ 相对指标的变异系数均随污染程度的增加而增加；武汉、上海 $PM_{2.5}$ 相对指标的变异系数随污染程度的增加呈现两种变化趋势——持续增加与先下降后增加，但不论哪种趋势，至重度污染时，$PM_{2.5}$ 相对指标的变异系数均基本高于轻度污染时的值；杭州的 $PM_{2.5}$ 相对指标变化趋势较复杂，$PM_{2.5}$ 增长类指标的变异系数随污染程度先下降后增加，$PM_{2.5}$ 下降类指标则先增加后下降。$PM_{2.5}$ 相对指标之间，不同城市 $C_{\uparrow}$ 的变异系数普遍高于 $C_{\downarrow}$，说明不同街区 $PM_{2.5}$ 增长幅度之间的差异往往高于降低幅度。

5 个城市 $PM_{2.5}$ 相对指标的变异系数 **表 3.5-2**

$PM_{2.5}$ 相对指标	污染程度	武汉	合肥	南京	上海	杭州
$C_{\uparrow}$	轻度污染	0.137	0.094	0.093	0.067	0.100
	中度污染	0.097	0.112	0.113	0.053	0.076
	重度污染	0.172	0.188	0.195	0.183	0.160
$C_{\wedge}$	轻度污染	0.178	0.147	0.088	0.072	0.142
	中度污染	0.096	0.154	0.116	0.084	0.080
	重度污染	0.157	0.202	0.256	0.245	0.151
$C_{\downarrow}$	轻度污染	0.037	0.051	0.036	0.037	0.064
	中度污染	0.055	0.054	0.057	0.034	0.066
	重度污染	0.089	0.093	0.051	0.037	0.060
$C_{\vee}$	轻度污染	0.122	0.054	0.095	0.108	0.058
	中度污染	0.093	0.079	0.137	0.144	0.175
	重度污染	0.227	0.282	0.139	0.195	0.107

一般来说，重度污染往往发生在大气环境较稳定的情况下，因此 $PM_{2.5}$ 的增长或降低受街区建成环境的影响较大。此时，街区拥有较高的 $PM_{2.5}$ 背景浓度，不同街区开敞度、建筑密度、建筑高度、绿化覆盖率等建成环境的差异性，对 $PM_{2.5}$ 的传输、扩散产生不同的影响，从而导致重度污染时 $PM_{2.5}$ 变化的较大差异。

第 4 章　街区绿色空间对 $PM_{2.5}$ 的影响

一直以来，城市绿色空间（Urban Green Space，UGS）的生态服务功能受到风景园林学界的关注。近年来，面对 PM 污染的严峻挑战，绿色空间也被视为改善 PM 的重要因素与途径。随着城市绿色空间萎缩、破碎化等问题的突出，学者们关注到绿色空间形态对于绿色空间形态的研究。相关研究集中于利用 Fragstats 软件计算的景观格局指数，以类型层面（Class Level）的绿地形状、聚散性等指标衡量绿地空间形态格局，与 $PM_{2.5}$ 浓度进行相关或回归分析之后，发现景观中绿地占比、优势度及集聚性越高，越有利于降低 $PM_{2.5}$ 浓度。然而，基于 Fragstats 计算的格局指数仅能反映研究区域内绿色空间格局的量化指标，不能落实到具体的空间定位上，因此难以提出绿色空间应用于规划布局的空间策略。

本章基于空气质量监测点获得的 $PM_{2.5}$ 数据，通过 5 个城市街区的绿色空间规模与形态两个维度，探索它们对 $PM_{2.5}$ 的深层影响。绿色空间规模以绿化覆盖率为代表指标来衡量，绿色空间形态采用 MSPA（形态学空间格局分析），可直观呈现不同形态绿色空间的分布特征，并具有相应的实际物质空间含义，因此能对改善 $PM_{2.5}$ 的绿色空间优化设计起到直接的指导作用。

4.1　研究方法

4.1.1　街区样本选择、$PM_{2.5}$ 指标与气象因子

1. 街区样本

所研究的对象仍为前文所述的 5 个城市街区，但由于城市的不定性建设活动，部分街区存在施工现象，对其实际的 $PM_{2.5}$ 造成一定影响。因此本章以及之后的研究将其排除，包括 WH8、NJ7、NJ8 与 SH9 4 个街区。余下 37 个街区的 $PM_{2.5}$ 主要来源于街区内部的道路交通，其周围不存在明显污染源（城市点被设置时已考虑），未有对街区 $PM_{2.5}$ 浓度造成影响的其他因素。

2. $PM_{2.5}$ 指标

由于城市点的监测范围可达 500～4000m，因此可用各个城市点测的 $PM_{2.5}$ 来衡量以该城市点形成的街区的 $PM_{2.5}$ 水平。如前文所述，$PM_{2.5}$ 指标包括 $PM_{2.5}$ 浓度与相对指标，依据多城市的 $PM_{2.5}$ 研究方法，这些指标从数据的监测、获取到计算，都采用一致的标准或原则，包括街区样本的选择、相同的 $PM_{2.5}$ 监测设备、监测标准、监测方法及数据筛选，确保了 5 个城市 $PM_{2.5}$ 数据的可比性。$PM_{2.5}$ 浓度与相对指标的具体计算方法见 3.2.3 节。

本章中，$PM_{2.5}$ 浓度覆盖优、良、轻度、中度、重度污染及整体污染水平六个维度。由于 $PM_{2.5}$ 污染为优、良水平时，$PM_{2.5}$ 的动态变化幅度较小，故 $PM_{2.5}$ 相对指标仅从轻度、中度、重度污染及整体污染水平（即 3 种污染程度的综合）四个维度展开分析。

3. 气象因子

在城市绿地与 PM 的研究中，由于气温（Air Temperature，T_a）、相对湿度（Relative Humidity，RH）、风速（Wind Velocity，V）等气象因子对 $PM_{2.5}$ 具有显著的影响，因此需加以考虑。由于各个城市气象站点数量的限制，难以获取与各个城市点相匹配的数据，因此各个城市所有街区的气象数据均一致。作者通过国家气象信息中心获取到气温、相对湿度与风速三个代表性气象因子的逐日数据。先选取与不同污染程度 $PM_{2.5}$ 指标所属时间一致的数据，再计算各个污染程度的气象因子平均值，以便与 $PM_{2.5}$ 相对指标对应（图 4.1-1）。可以发现，不同城市之间的气象因子有所差异，5 个城市的温度在 7.5～11.8℃之间，相对湿度在 65.2%～77.9%之间，风速在 1.2～2.6m/s 之间。

4.1.2 街区绿色空间的遥感解译

各城市 2017 年的 0.26m 高分辨率 Google Earth 影像图被用于提取绿色空间要素。首先，在 ENVI 5.4 软件中进行辐射定标、几何校正等图像预处理，校准各幅影像图。其次，基于 ArcGIS 10.5 软件，通过人工目视解译的方式，提取 37 个街区的绿色空间要素，即街区中的任何植被覆盖的区域，包括林地、草地、行道树、公园绿地等，得到它们的矢量数据。虽然这种解译方式耗时，但保证了所提取绿色空间要素的精度（图 4.1-2）。由于 $PM_{2.5}$ 受乔木、草地等不同植被类型的影响效果不一致，本书将绿色空间分为乔木与草地两种类型。

这些街区中的绿色空间还包含少量以草坪为主的屋顶绿化，一般位于低层或多层建筑，与街区之中其他乔木的高度不会有太大差异。研究表明，在高密度城市中，屋顶绿化对大气颗粒物能起到一定的缓解作用。因此，本研究将其纳入绿色空间统计范畴。

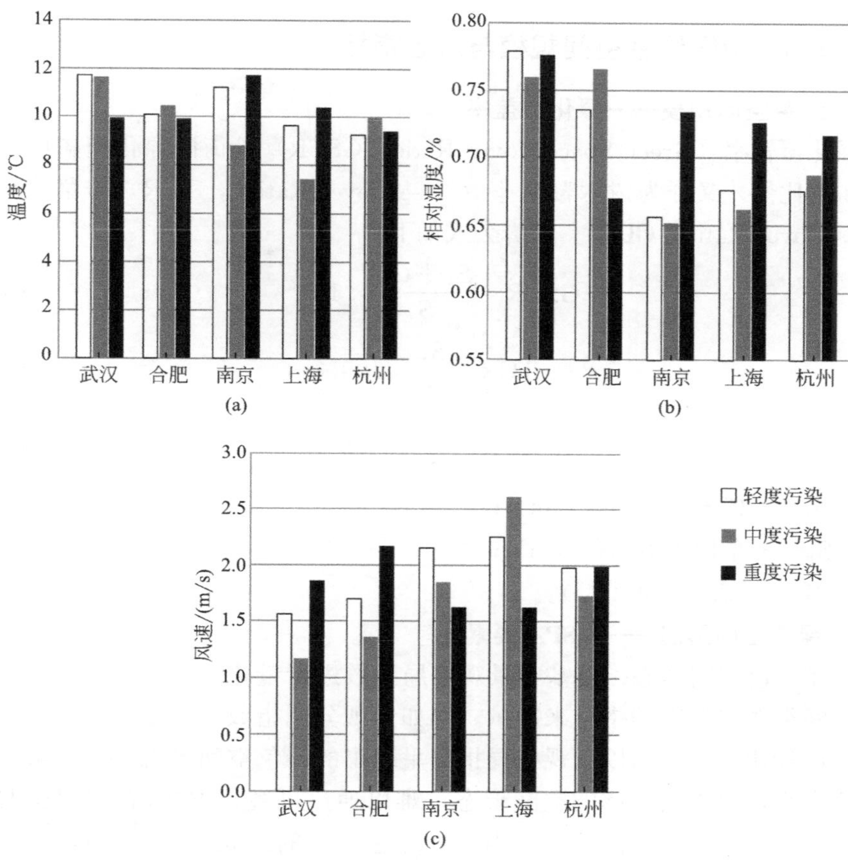

图 4.1-1　5 个城市的气象因子数据

(a) 温度；(b) 相对湿度；(c) 风速

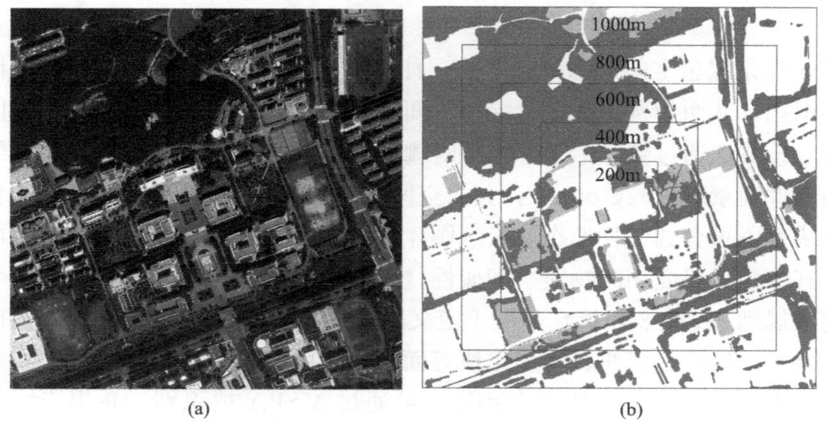

图 4.1-2　基于遥感影像图的街区绿色空间提取

(a) 街区遥感影像图；(b) 街区绿色空间提取结果

4.1.3 街区绿色空间规模与形态指标

1. 绿色空间规模——绿化覆盖率

绿化覆盖率（Green Space Cover Ratio，GSCR）是街区绿化覆盖面积占街区面积的比例，又分为树木覆盖率（Tree Cover Ration，TCR）与草地覆盖率（Grass Cover Ratio，GCR）。计算公式如下：

$$GSCR=\frac{S_t+G_g}{S}\times 100\% \tag{4.1-1}$$

$$TCR=\frac{S_t}{S}\times 100\% \tag{4.1-2}$$

$$GCR=\frac{S_g}{S}\times 100\% \tag{4.1-3}$$

式中 S_t——树木覆盖面积（m^2）；

S_g——草地覆盖面积（m^2）；

S——街区面积（m^2）。

2. 绿色空间形态——MSPA 要素

目前绿色空间形态一般基于景观格局指数进行量化，通过计算一定范围内绿色空间类型水平上的指标来衡量，例如景观分割指数、边缘密度、最大斑块占景观面积比等。然而以景观格局指数呈现出的绿色空间形态特征一般仅反映其数值大小，对于其具体的空间形态，难以通过可视化方式清晰地展现出来，因此具有一定的局限性。例如，当两处绿色空间的景观分割指数数值相近时，其空间分布或许存在较大差异。鉴于此，本书从对规划设计指导具有借鉴参考的角度，试图探索新的绿色空间形态格局定量方式，用于研究它对 $PM_{2.5}$ 的影响。

MSPA 是绿色空间形态分析中的一种较新的方法，常用于绿色空间不同形态要素的识别，从而为构建或优化绿色空间网络提供依据，可适用于不同空间尺度的分析。该方法通过数学形态学原理对栅格图像的空间形态进行识别，将绿色空间作为图像前景（Foreground），其余空间要素作为背景（Background），使绿色空间分成互不重叠的七种形态要素（图 4.1-3），且每种形态要素具有各自的生态含义及其在街区尺度中的物质空间属性（表 4.1-1）。该方法首先根据定义邻近像元的连接规则（4 或 8 邻接）和用于定义边缘的宽度值识别出核心，进而确定其他形态要素。核心、枢纽、小型斑块等面状、点状空间形态，与廊道等线状空间形态，作为绿色空间主要的形态特征，可通过 MSPA 被识别，并用于绿色空间形态的评估、调控与优化。

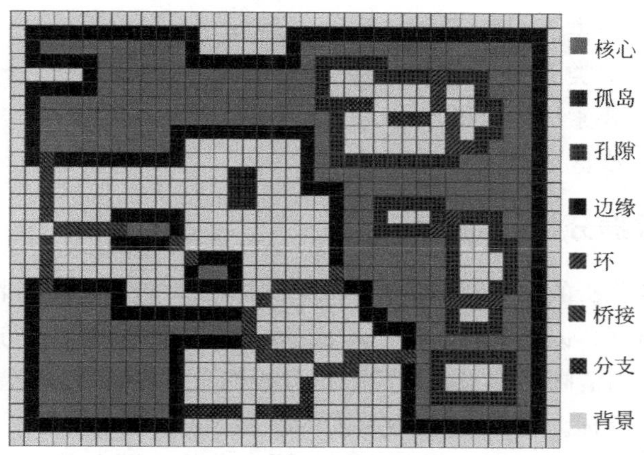

图 4.1-3　基于 MSPA 的绿色空间形态分析图解

七种 MSPA 形态要素、生态含义及其在街区尺度中的物质空间属性　表 4.1-1

编号	MSPA 形态要素	生态含义及其在街区尺度中的物质空间属性
1	核心	较大规模的绿地，是维持片区范围内生态环境的重要生态源地，如综合绿地、社区公园等
2	孤岛	面积较小、相互孤立的绿斑，如口袋公园、散置行道树、宽度较窄的道路绿带等
3	孔隙	受到人为因素干扰而产生的核心内部与非绿地区域的交界地带
4	边缘	核心和外界非 UGI 区的交界地带，如综合绿地、社区公园的外围林带
5	环线	连接同一大规模绿地的内部廊道，包括社区公园内部的道路绿化带、景观带等
6	桥接	连接相邻核心斑块的廊道，是相邻核心斑块物质交换、能量流动的途径，如道路绿化带、江滩林地、河流绿化带等
7	分支	连接核心与外围非绿色空间的廊道，如连接公园绿地与外围居住、商业等建设用地的道路绿化带

MSPA 的具体操作过程如下：首先，在 ArcGIS 10.5 中，将目视解译后的绿色空间要素作为前景，其余要素作为背景，将矢量数据转换为高精度（空间分辨率 0.2m）TIFF 格式的二值栅格数据，采用高精度数据有利于得出研究对象更为精确详细的空间形态格局信息。其次，基于 Guidos Toolbox 软件，参考一些经验值，采用八邻域分析法，设置边缘宽度为 20（对应实际距离约为 4m），能够较好及精确地定义绿色空间的不同 MSPA 形态要素。最后，分别计算七种 MSPA 要素占街区的比例，作为绿色空间形态格局的衡量指标，计算公式如下：

$$UGS_i = \frac{S_i}{S} \times 100\% \tag{4.1-4}$$

式中 UGS_i——各类 MSPA 要素的比例（%）；

i——七类 MSPA 要素，$i=1\sim7$；

S_i——要素 i 的面积（m^2）；

S——街区面积（m^2）。

4.1.4 数据分析

由于本研究分析的两大对象均由较多指标构成，包括 $PM_{2.5}$ 浓度、相对指标构成的 $PM_{2.5}$ 指标，以及规模、形态构成的绿色空间指标。为了通过简明扼要的数据分析得到全面清晰的结果，避免数据分析的重复性，本研究主要关注使用较少的 $PM_{2.5}$ 相对指标。将 $PM_{2.5}$ 浓度用于绿色空间的规模分析，即绿化覆盖率，将 $PM_{2.5}$ 的六个相对指标用于绿色空间的形态分析，即七种 MSPA 要素。基于上述分析，进一步进行它们的类比与讨论。

1. 绿化覆盖率与 $PM_{2.5}$ 浓度

首先，梳理绿化覆盖率与 $PM_{2.5}$ 浓度指标，分析不同街区绿化覆盖率与 $PM_{2.5}$ 浓度的差异性。

其次，为了明确绿化覆盖率与 $PM_{2.5}$ 浓度的关系，将街区按照绿化覆盖率进行聚类分析，得到绿化覆盖率高、中、低三个层次的街区分类，通过单因素方差分析对比不同绿化规模等级的街区 $PM_{2.5}$ 浓度的差异性。

最后，基于双变量相关分析，量化街区绿化覆盖率、树木覆盖率、草地覆盖率与 $PM_{2.5}$ 浓度之间的关联性。为了分析绿化覆盖率对 $PM_{2.5}$ 影响的尺度效应，将各街区以 200m 为单位划分为五个尺度，分别为 1000m×1000m、800m×800m、600m×600m、400m×400m、200m×200m（图 4.1-2），分析不同街区尺度绿化覆盖率与 $PM_{2.5}$ 浓度之间的关系。再以 $PM_{2.5}$ 浓度为被解释变量，通过非线性回归分析评估绿化覆盖率如何影响 $PM_{2.5}$ 浓度，即作用规律。采用倒数、对数、指数、幂函数等常用曲线函数进行回归拟合，在回归模型通过显著性检验的基础上（$P<0.05$），当回归模型的 R^2、F 统计值较大时，模型的拟合度相对最优，可用于分析。

2. MSPA 要素与 $PM_{2.5}$ 相对指标

由于现实中多种绿色空间形态共同影响着 $PM_{2.5}$ 的变化，因此可通过多元回归分析探索绿色空间形态对不同污染程度下 $PM_{2.5}$ 变化的影响。分别以 $PM_{2.5}$ 的六个相对指标作为被解释变量，以七类 MSPA 要素及三类气象因子作为解释变量，通过多种分析方式探索绿色空间形态格局对 $PM_{2.5}$ 的影响，并从不同污染程度展开分析。

通过多元逐步回归分析探索不同 MSPA 要素与 $PM_{2.5}$ 之间的量化关系。逐步回归是分析被解释变量与多个解释变量之间关系的常用方法之一，建立时模型考虑了不同解释变量对被解释变量的显著性程度，所构建模型中的解释变量均对 $PM_{2.5}$ 影响显著。

然而，同一组数据可能得到若干个回归模型，因此通过一些指标来选择最优回归模型，包括整个模型的 P 值、R^2、F 值，以及各个解释变量的标准化系数（β'）、P 值、t 值、方差膨胀因子（Variance Inflation Factor，VIF）。其中，R^2 表示回归模型所能解释的 $PM_{2.5}$ 变化的比例，P 值、F 值用于模型的显著性检验，整个模型的 P 值（$P<0.05$）越小，R^2 值、F 值越大，则模型越优化；β' 在一定程度上反映了解释变量对 $PM_{2.5}$ 变化的相对贡献程度，各个解释变量的 P 值、t 值则是对它们的显著性检验，VIF 用于判断解释变量间是否存在共线性问题，当其值小于 10 时，说明无共线性问题。

本阶段分析主要得到对 $PM_{2.5}$ 相对指标影响显著的绿色空间形态指标或气象因子，以及它们对 $PM_{2.5}$ 相对指标的影响方式、影响强度、贡献程度等。首先，由 β 的正负判别因子的影响方式；其次，由于 $PM_{2.5}$ 受多种因素影响，为了更好地理解不同因子对 $PM_{2.5}$ 的作用，采用偏相关分析法得到当控制其他影响显著的解释变量后，单个解释变量对 $PM_{2.5}$ 的影响强度；最后，不同回归模型的解释变量数量不同，且同一解释变量在不同模型中的 β' 值也不同，因此通过各类指标 β' 值的标准化处理，进而进行相互对比，从而得到各个指标对 $PM_{2.5}$ 的相对贡献程度。标准化处理公式如下：

$$\beta''_{ij}=\beta'_{ij}\times\frac{\sum_{j=1}^{m}\beta'_{ij}}{\sum_{i=1}^{n}\left(\sum_{j=1}^{m}\beta'_{ij}\right)} \tag{4.1-5}$$

式中　β''_{ij}——标准化后的 β'；

β_{ij}——第 i 个模型中第 j 个解释变量的 β'；

n——模型数量；

m——各个模型中的解释变量数量。

4.2　街区绿色空间规模对 $PM_{2.5}$ 的影响

4.2.1　街区绿化覆盖率与 $PM_{2.5}$ 浓度的分布特征

1. 绿化覆盖率的分布特征

图 4.2-1 显示了不同尺度下各街区绿化覆盖率、树木覆盖率、草地覆盖率构成的散点图，绿化覆盖率为树木覆盖率与草地覆盖率之和，点越大，则绿化覆盖率也越大。

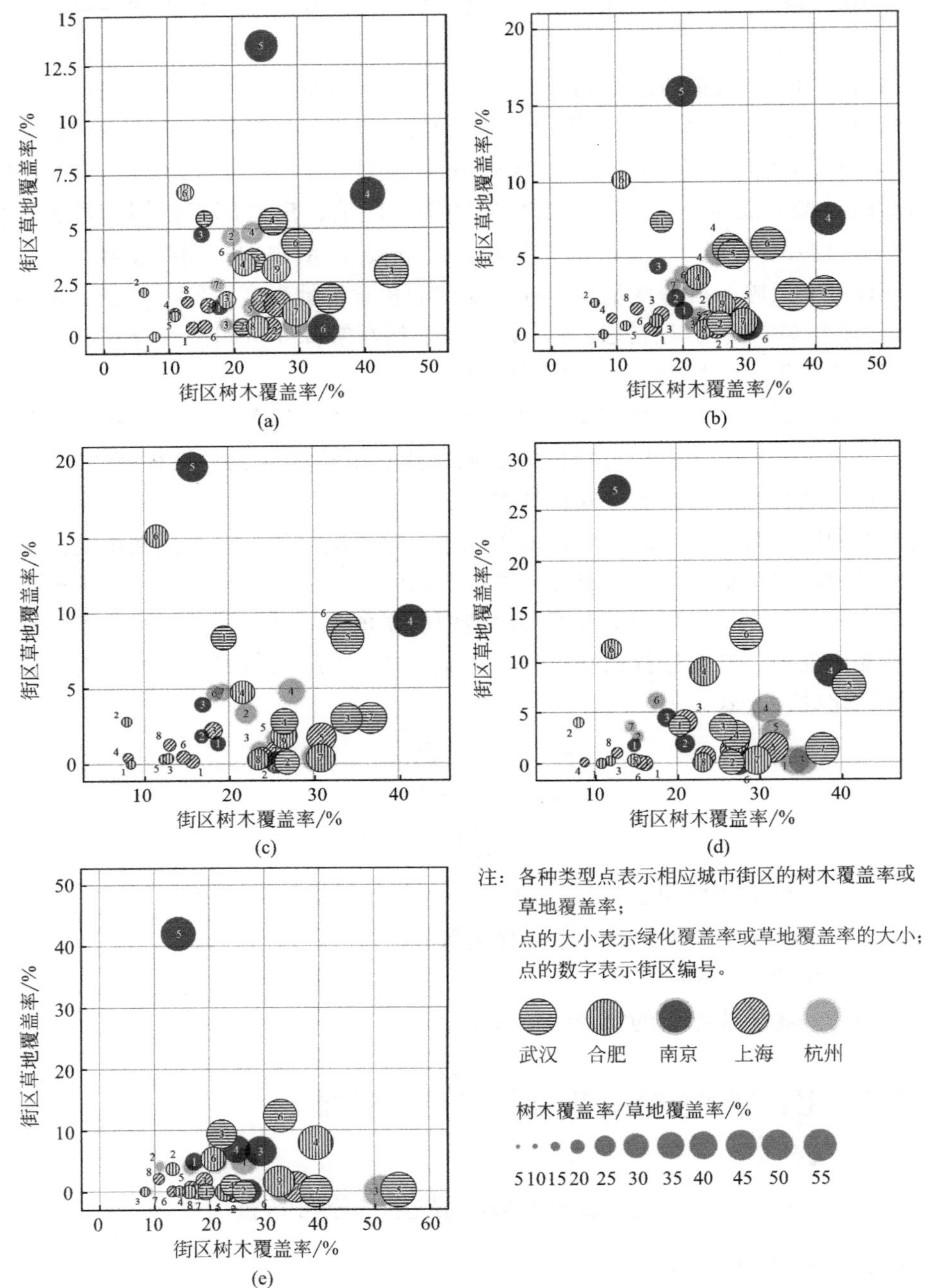

图 4.2-1　37 个街区的绿化覆盖率

(a) 1000m×1000m 街区；(b) 800m×800m 街区；(c) 600m×600m 街区；
(d) 400m×400m 街区；(e) 200m×200m 街区

在 1000m×1000m 的街区尺度中，树木覆盖率取值由小到大分布较均匀，最小为 6.1%（HF2），最大的为 44.3%（WH3）。其中，在树木覆盖率相对较低（0～20%）的街区中，上海、合肥占多数；在树木覆盖率相对较高（30%～50%）的街区中，武汉、南京占多数。草地覆盖率普遍低于 5%，最高为 13.3%（NJ5），这反映了城市街区中草地覆盖面积较少的普遍特征。绿化覆盖率与树木覆盖率有明显的正相关关系，树木覆盖率越高的街区，绿化覆盖率也越高。

随着街区尺度的减小，各街区的树木覆盖率呈现相似的分布规律，虽然不同街区的树木覆盖率或增或减，但变化相对较小且稳定。各街区尺度越小，树木覆盖率与初始值差异越大，当街区尺度为 200m×200m 时，树木覆盖率与初始值的差异达到最大。街区的草地覆盖率分布区间随街区尺度的减小而呈增大的趋势，当街区尺度为 200m×200m 时，草地覆盖率分布较集中，一般高值维持在 5%～10%，最高值达 42%，但也使得许多街区的草地覆盖率为 0。不同街区尺度的绿化覆盖率仍与树木覆盖率有着相似的变化规律。

综合来看，绝大部分街区的绿化覆盖率随尺度变化较小，其中，NJ5 一直呈现低树木覆盖率、高草地覆盖率的稳定状态，但也有个别街区的绿化覆盖率变化较大，例如从 1000m×1000m 到 200m×200m，HF4 的树木覆盖率、草地覆盖率分别由 21.6%、3.3%增至 39.4%、8.0%，分别提升了约 82%、142%。这些变化也说明了空间尺度在环境影响研究中的重要性，尺度过大，达到数千米以上时，该范围内的空间形态均质化，降低了指标的精度；尺度过小，则又容易出现偶然因素的误差。而 1000m×1000m 作为我国街区尺度的界定范围，在相关研究中得到广泛使用，能反映城市绝大部分空间形态的特征。

2. $PM_{2.5}$ 浓度的分布特征

图 4.2-2 显示了 37 个街区的 $PM_{2.5}$ 浓度。整体污染水平下，各街区间的 $PM_{2.5}$ 浓度存在一定差异，37 个街区的总差异为 18.5$\mu g/m^3$，$PM_{2.5}$ 浓度最高的为 HF2，最低的为 NJ4，5 个城市街区的 $PM_{2.5}$ 浓度差异分别为 5.3$\mu g/m^3$、14.6$\mu g/m^3$、14.4$\mu g/m^3$、4.7$\mu g/m^3$、10.1$\mu g/m^3$。由于整体污染水平综合了各街区污染程度 80d 的数据，因此反映了各街区 $PM_{2.5}$ 污染的常态。随着污染程度的增加，街区间 $PM_{2.5}$ 浓度的差异性逐渐增大，37 个街区的 $PM_{2.5}$ 浓度总差异从优到重度污染分别为 11.6$\mu g/m^3$、13.5$\mu g/m^3$、31.4$\mu g/m^3$、32.8$\mu g/m^3$、61.1$\mu g/m^3$。$PM_{2.5}$ 浓度最高的街区普遍出现在 HF2，浓度最低的街区较稳定，均出现在 NJ4。其中，$PM_{2.5}$ 浓度在优、良、轻度污染时具有相似的分布规律，并与整体污染水平的分布相似，说明 $PM_{2.5}$ 污染程度较轻时，其浓度的空间分布相对较稳定；而在中度、重度污染时，出现较多 $PM_{2.5}$ 浓度异于常态的街区，例如 WH3、HF5、HZ2 的 $PM_{2.5}$ 浓度在重度污染时显著下降，WH5、WH6、HF7、SH4、

SH5 的 $PM_{2.5}$ 浓度在重度污染时则显著上升，反映了污染较严重时 $PM_{2.5}$ 浓度分布的复杂性。

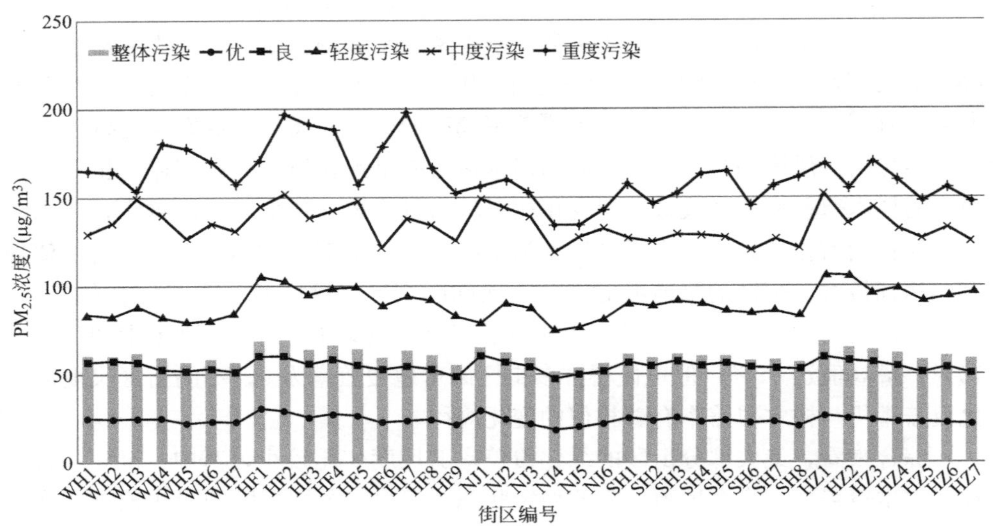

图 4.2-2　37 个街区的 $PM_{2.5}$ 浓度

4.2.2　$PM_{2.5}$ 浓度在不同绿化覆盖程度街区中的差异

为了有效反映街区绿化覆盖率及便于统计分析，本书将街区按照 1000m×1000m 尺度的绿化覆盖率进行系统聚类分析，通过组间联结与平方欧式距离（Euclidean Distance）的度量标准，得到三个聚类组别，而这三个聚类组别依据其中所包含街区的绿化覆盖率，可视为街区的低、中、高三种绿化覆盖程度（图 4.2-3）。其中，低绿化覆盖率街区有 6 个，对应着聚类二；中绿化覆盖率街区有 25 个，对应着聚类三；高绿化覆盖率街区有 6 个，对应着聚类一。

表 4.2-1 显示了不同绿化覆盖程度街区 $PM_{2.5}$ 浓度的差异，所有对比组的单因素方差分析均通过方差齐性检验，由差值的正负可知，绿化覆盖率较高的街区 $PM_{2.5}$ 浓度相对较低，并且在所有组别中规律一致。在整体污染水平下，$PM_{2.5}$ 浓度在高绿化覆盖率街区与中、低绿化覆盖率街区间存在显著差异，平均差值分别为$-4.741\mu g/m^3$、$-7.283\mu g/m^3$，而 $PM_{2.5}$ 浓度在中、低绿化覆盖率街区间存在差异，但差异不显著。在不同污染程度下，不同绿化覆盖程度街区的 $PM_{2.5}$ 浓度差异呈现相似的规律（中度污染除外），且同一对比组的 $PM_{2.5}$ 浓度平均差值随污染程度的增加而增加，例如 $PM_{2.5}$ 浓度在低、高绿化覆盖率街区的差值由 $4.083\mu g/m^3$（优）增至 $18.296\mu g/m^3$（重度污染）。此外，三种绿化覆盖程度街区的 $PM_{2.5}$ 浓度在中度污染时彼此间存在差异，但差异较小，这或许是由于外界

环境的偶然因素导致街区的 $PM_{2.5}$ 浓度异于常态（图 4.2-2）。

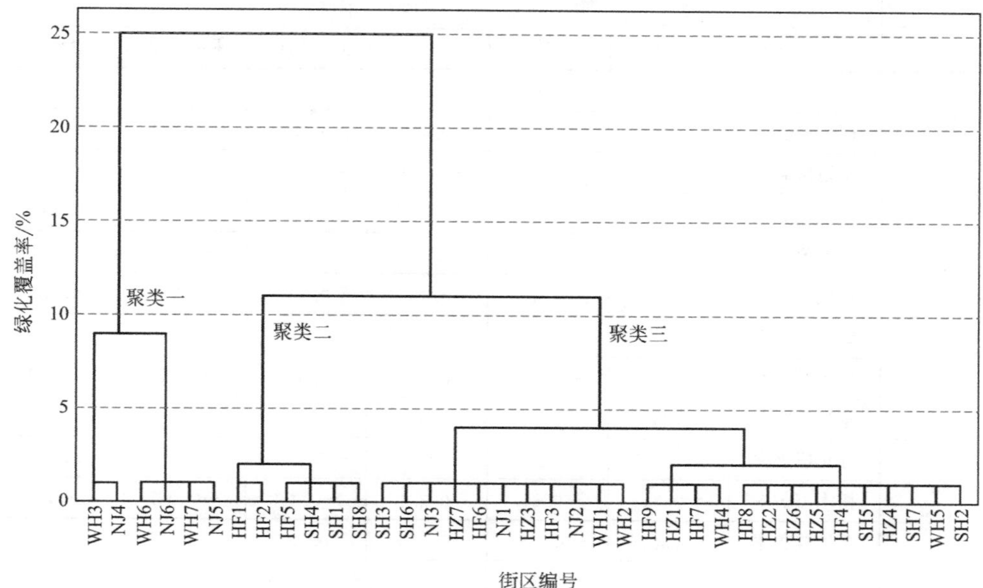

图 4.2-3　街区按照绿化覆盖率的系统聚类分析

低、中、高绿化覆盖率街区的 $PM_{2.5}$ 浓度差异　　　　**表 4.2-1**

绿化覆盖率		$PM_{2.5}$ 浓度的差异					
		整体	优	良	轻度污染	中度污染	重度污染
低	中	2.542	1.909	2.021	4.678	3.522	3.393
	高	7.283**	4.083**	5.167**	14.200**	4.850	18.296*
中	低	−2.542	−1.909	−2.021	−4.678	−3.522	−3.393
	高	4.741**	2.175*	3.146*	9.522**	1.328	14.903*
高	低	−7.283**	−4.083**	−5.167**	−14.200**	−4.850	−18.296*
	中	−4.741**	−2.175*	−3.146*	−9.522**	−1.328	−14.903*

注：“*”“**”分别表示多重比较的显著性水平为 5%、1%。

4.2.3　绿化覆盖率对 $PM_{2.5}$ 浓度的影响

1. 绿化覆盖率与 $PM_{2.5}$ 浓度的相关性

表 4.2-2 显示了不同街区尺度下的绿化覆盖率与 $PM_{2.5}$ 浓度之间的相关性，整体来看，绿化覆盖率、树木覆盖率、草地覆盖率基本上均与 $PM_{2.5}$ 浓度呈负相关关系，说明街区绿色空间对 $PM_{2.5}$ 有消减作用，绿化覆盖率（乔木、草地）越高的街区，$PM_{2.5}$ 浓度往往越低。

不同街区尺度下的绿化覆盖率与 $PM_{2.5}$ 浓度之间的相关性　　表 4.2-2

街区尺度	类型	$PM_{2.5}$ 浓度					
		整体	优	良	轻度污染	中度污染	重度污染
1000m×1000m	绿化覆盖率	−0.508**	−0.500**	−0.491**	−0.451**	−0.133	−0.287
	树木覆盖率	−0.427**	−0.416*	−0.410*	−0.386*	−0.071	−0.259
	草地覆盖率	−0.412*	−0.423**	−0.407*	−0.346*	−0.242	−0.177
800m×800m	绿化覆盖率	−0.511**	−0.489**	−0.472**	−0.492**	−0.153	−0.247
	树木覆盖率	−0.397*	−0.380*	−0.363*	−0.389*	−0.061	−0.219
	草地覆盖率	−0.432**	−0.412*	−0.408*	−0.397*	−0.280	−0.139
600m×600m	绿化覆盖率	−0.515**	−0.497**	−0.496**	−0.465**	−0.240	−0.176
	树木覆盖率	−0.380*	−0.369*	−0.367*	−0.350*	−0.114	−0.139
	草地覆盖率	−0.417*	−0.397*	−0.399*	−0.364*	−0.316	−0.126
400m×400m	绿化覆盖率	−0.465**	−0.458**	−0.473**	−0.398*	−0.186	−0.130
	树木覆盖率	−0.315	−0.313	−0.331*	−0.259	−0.087	−0.058
	草地覆盖率	−0.367*	−0.356*	−0.355*	−0.333*	−0.213	−0.154
200m×200m	绿化覆盖率	−0.272	−0.256	−0.264	−0.306	−0.036	−0.070
	树木覆盖率	−0.125	−0.107	−0.148	−0.163	0.086	0.103
	草地覆盖率	−0.285	−0.285	−0.237	−0.287	−0.067	−0.278

注："*""**"分别表示在5%、1%水平显著相关（双侧检验）。

在 1000m×1000m 的街区尺度，整体污染水平下，绿化覆盖率、树木覆盖率、草地覆盖率均与 $PM_{2.5}$ 浓度显著负相关，其中，绿化覆盖率与 $PM_{2.5}$ 浓度的相关性最强（$r=-0.508$），树木覆盖率次之（$r=-0.427$），草地覆盖率最弱（$r=-0.412$）。随着污染程度的增加，绿化覆盖率、树木覆盖率、草地覆盖率与 $PM_{2.5}$ 浓度的相关性均下降，在中度、重度污染时相关性不显著。除 $PM_{2.5}$ 浓度为优以外，三者与 $PM_{2.5}$ 浓度的相关性强弱也保持一致。而在污染程度为优时，虽然草地覆盖率与 $PM_{2.5}$ 浓度的相关性强于树木覆盖率，但相关系数相差不大。整体来看，树木对 $PM_{2.5}$ 的作用强于草地。

为了进一步揭示不同大小的街区绿化覆盖率是否对影响 $PM_{2.5}$ 浓度的能力有所差异，本书通过分析不同街区尺度的绿化覆盖率与 $PM_{2.5}$ 浓度的相关性变化规律特征，以利于规划中确定适宜管控的街区尺度。如表 4.3-2 所示，随着街区尺度的减小，整体污染水平的绿化覆盖率、草地覆盖率与 $PM_{2.5}$ 浓度的相关性先增强后减弱，分别在 600m×600m、800m×800m 的街区尺度达到最大（$r=-0.515$、-0.432），而树木覆盖率与 $PM_{2.5}$ 浓度的相关性逐渐减弱，它们均在 200m×200m 的街区尺度相关性不显著。绿化覆盖率与 $PM_{2.5}$ 浓度的相关性仍是最大，但草地覆盖率与 $PM_{2.5}$ 浓度的相关性高于树木覆盖率。在不同污染程度下，绿化覆盖率与中度、重度污染时的 $PM_{2.5}$ 浓度均不显著相关，这是所有街区尺度的共性特征，200m×200m 也是绿化覆盖率与 $PM_{2.5}$ 浓度全无显著相关的街区尺度。首先对比污染程度的影响，从 800m×800m 到 400m×400m，绿化覆盖率、树木覆盖率与 $PM_{2.5}$ 浓度的相关性呈现相同的规律，最高相关性分别出现在轻度污染、优、良时；草地覆盖率与 $PM_{2.5}$ 浓度的最高相关性分别为优、良、优，说明不同污染程度时乔木与草地对 $PM_{2.5}$ 消减作用的差异性。其次对比街区尺度的影响，$PM_{2.5}$ 污染为优时，绿化覆盖率、树木覆盖率、草地覆盖率均在 1000m×1000m 的街区尺度与 $PM_{2.5}$ 浓度的相关性最高；$PM_{2.5}$ 污染为良时，绿化覆盖率、树木覆盖率、草地覆盖率分别在 600m×600m、1000m×1000m、800m×800m 的街区尺度与 $PM_{2.5}$ 浓度的相关性最高；$PM_{2.5}$ 污染为轻度时，绿化覆盖率、树木覆盖率、草地覆盖率均在 800m×800m 的街区尺度与 $PM_{2.5}$ 浓度的相关性最高。这些分析反映了 600～1000m 是关键的街区尺度，尤其是 800m×800m 与 1000m×1000m，在该尺度内，通过提升街区绿化覆盖率能较好地起到对 $PM_{2.5}$ 的消减作用。

以上通过相关分析探讨了街区绿化覆盖率与 $PM_{2.5}$ 的量化关系，得到二者显著的关联性。其中，树木、草地与 $PM_{2.5}$ 的相关强弱不同，且随街区尺度、$PM_{2.5}$ 污染程度而差异。相关研究通过数值模拟发现树木具有更高的 $PM_{2.5}$ 消减能力；然而，也有研究通过实测，发现在城市不同绿地类型中，夏季时期草地的 $PM_{2.5}$ 浓度较低，而在其他季节以乔木为主的绿地中 $PM_{2.5}$ 浓度较低。而在本研究中，空气质量优良的时期主要发生在夏季，在草地覆盖更多的街区中，其空旷开阔的空间具有良好的空气对流条件，更有利于 $PM_{2.5}$ 的疏散，因此与 $PM_{2.5}$ 浓度的相关性更强，这与吴志萍等的结论相似。尽管轻度污染时 800m×800m 以下街区的草地覆盖率仍与 $PM_{2.5}$ 浓度具有更强的相关性，但相关系数与树木覆盖率差异不大。

为了更直观地体现上述相关分析的结果，结合图 4.2-3 的聚类分析，本书筛选出绿色空间规模较大与较小的两种极端街区类型，进行进一步的探讨。其中，绿化覆盖率较高的街区有武汉的 WH7（36.6%，该值为 1000m×1000m 尺度的街区绿化覆盖率，下同）、南京的 NJ4（47.3%），绿化覆盖率较低的街区有合肥的 HF1（7.9%）、上海的 SH1（14.1%），这两类街区的绿色空间覆盖形成鲜明的对比（图 4.2-4）。绿化覆盖率较高的街区 WH7、NJ4 均纳入了邻近规模较大的绿色空间，构成绿色空间大基底，并在城市街道上，通过较宽的线性绿色空间，相互连接形成有机整体。绿化覆盖率较低的街区 HF1、SH1 基本上以街道破碎化、零散分布的行道树组成的绿色空间为主。通过对比 4 个街区 $PM_{2.5}$ 浓度发现，不论污染程度如何，NJ4 是 $PM_{2.5}$ 污染水平最低的街区，WH7 的 $PM_{2.5}$

污染水平在 37 个街区中随污染程度变化呈现出一定浮动，但在所在城市中属于污染较低的街区。HF1 的 $PM_{2.5}$ 污染水平在低于中度污染时为 37 个街区中较高的前三个之一，虽然它在中度、重度污染时的 $PM_{2.5}$ 浓度有所下降，但仍然处在较高的污染水平。SH1 的绿化覆盖率较低，但其 $PM_{2.5}$ 污染水平没有像前者所表现得那么突出，基本上为上海 $PM_{2.5}$ 浓度最高的街区之一。总体来说，对于高绿化覆盖率的街区，其 $PM_{2.5}$ 浓度呈现较低的趋势，街区 $PM_{2.5}$ 浓度虽然仍受其他诸多因素影响，但绿化覆盖率是一个关键的因素。

图 4.2-4　绿化覆盖率较高与较低的街区对比

(a) WH7；(b) HF1；(c) NJ4；(d) SH1

2. 绿化覆盖率与 $PM_{2.5}$ 浓度的回归分析

为了更深入地分析街区绿化覆盖率如何影响 $PM_{2.5}$，以提供合理的街区绿色空间调控策略，下面以 1000m×1000m 街区为例，通过非线性回归分析得到拟合度、显著性最高的拟合曲线，从而评估绿化覆盖率对 $PM_{2.5}$ 的影响。由于中度、重度污染时，绿化覆盖率与 $PM_{2.5}$ 浓度的相关性不显著，而通过非线性回归分析也表明它们的回归模型 P 值大于 0.05，未通过显著性检验，因此仅对优、良、轻度污染及整体污染水平四种情况展开分析。

在众多非线性回归分析中，倒数、指数、幂及对数函数是四个拟合度相对最优的函数类型，分别对应着不同污染程度的不同模型（表 4.2-3）。

不同污染程度 $PM_{2.5}$ 浓度与绿化覆盖率的最优拟合函数　　表 4.2-3

$PM_{2.5}$	类型	函数	P	F 值	Adj_R^2	系数	
						常量 a	解释变量 b
整体	绿化覆盖率	倒数	0.001	14.470	0.272	55.858	0.946
	树木覆盖率	倒数	0.001	12.102	0.236	56.333	0.748
	草地覆盖率	指数	0.009	7.757	0.158	62.115	−1.116
优	绿化覆盖率	倒数	0.000	18.018	0.321	20.641	0.622
	树木覆盖率	倒数	0.001	13.881	0.264	21.021	0.480
	草地覆盖率	对数	0.005	9.145	0.184	19.727	−0.949

续表

$PM_{2.5}$	类型	函数	P	F 值	Adj_R^2	系数	
						常量 a	解释变量 b
良	绿化覆盖率	幂	0.001	12.446	0.241	48.462	−0.076
	树木覆盖率	倒数	0.004	9.549	0.192	51.381	0.551
	草地覆盖率	指数	0.011	7.219	0.147	55.731	−0.977
轻度污染	绿化覆盖率	幂	0.003	9.844	0.197	76.152	−0.105
	树木覆盖率	倒数	0.008	7.982	0.162	82.357	1.277
	草地覆盖率	指数	0.027	5.364	0.108	92.095	−1.289

由表 4.2-3 可知，各污染程度下的 $PM_{2.5}$ 浓度与绿化覆盖率不同指标的相对最优拟合函数较稳定。其中，$PM_{2.5}$ 浓度与绿化覆盖率的相对最优拟合函数为倒数函数及幂函数，与树木覆盖率的相对最优拟合函数为倒数函数，与草地覆盖率的相对最优拟合函数为指数函数。这些函数均通过了显著性检验（$P<0.05$），然而函数的 Adj _ R^2 均较小，最大的也仅为 0.321，说明仅凭绿化覆盖率不足以完全地解释街区 $PM_{2.5}$ 的污染水平。一方面，目前暂未考虑街区中其他对 $PM_{2.5}$ 影响显著的因子；另一方面，与其他空气污染物（NO_2、PM_{10} 等）相比，由于 $PM_{2.5}$ 较小的粒径与较轻的质量，使其相对较难被绿色空间所消纳。但相比绿化覆盖率与 $PM_{2.5}$ 浓度的线性关系，这些非线性函数拥有更高的解释度与显著性水平。作为消减街区 $PM_{2.5}$ 的重要因素，绿色空间的规模仍需引起注意。

下面通过拟合曲线的走势分析绿化覆盖率对 $PM_{2.5}$ 浓度的作用规律。不同模型的观测点均分布较零散，但通过拟合曲线及其 95%的置信区间可估测 $PM_{2.5}$ 的变化趋势，图中阴影区域表示 95%的置信区间（图 4.2-5、图 4.2-6）。虽然不同模型对应着不同函数，但 $PM_{2.5}$ 浓度随绿化覆盖率的变化都呈相似的变化趋势。95%的置信区间表明通过函数预测的 $PM_{2.5}$ 浓度有 95%的概率落在该区间中，也均与相应的拟合曲线呈一致走势。

在整体污染水平下（图 4.2-5），$PM_{2.5}$ 浓度均随绿化覆盖率、树木覆盖率的增加呈下降的趋势，且下降趋势逐渐减缓。由于街区中的草地覆盖率普遍较小，$PM_{2.5}$ 浓度随其增加基本呈直线下降趋势。这些现象说明在整体绿化覆盖率或树木覆盖率较低时（约小于 20%），小幅度地增加其值，可较大幅度地降低 $PM_{2.5}$ 浓度。例如，以绿化覆盖率每增加 10%的 $PM_{2.5}$ 浓度下降率为标准，当绿化覆盖率由 10%增加至 20%时，$PM_{2.5}$ 浓度可降低约 7.2%，而当绿化覆盖率继续增大，$PM_{2.5}$ 的降低效率则明显下降，绿化覆盖率由 30%增至 40%时，$PM_{2.5}$ 浓度的下降率仅约 1.3%。

不同污染程度的 $PM_{2.5}$ 浓度随绿化覆盖率的变化与整体污染水平呈现相似的

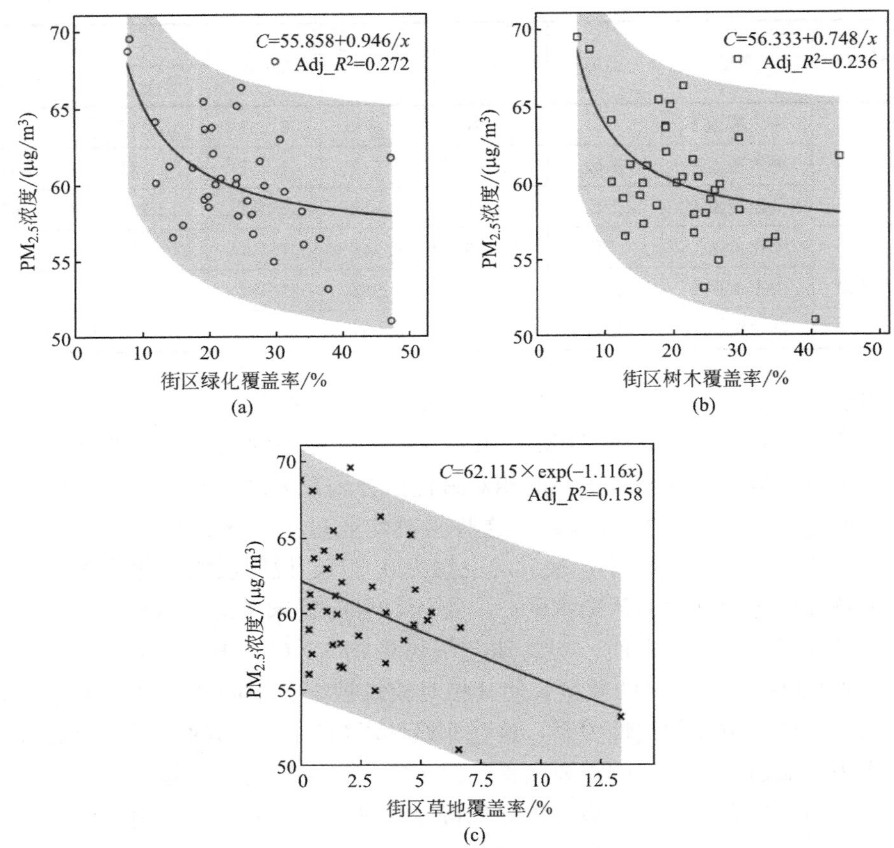

图 4.2-5　整体污染水平 $PM_{2.5}$ 浓度与绿化覆盖率的拟合曲线

(a) $PM_{2.5}$ 浓度与绿化覆盖率拟合；(b) $PM_{2.5}$ 浓度与树木覆盖率拟合；

(c) $PM_{2.5}$ 浓度与草地覆盖率拟合

规律（图 4.2-6）。对比各污染程度拟合曲线的下降斜率可发现，随着污染程度的增加，同等程度地提升绿化覆盖率，$PM_{2.5}$ 浓度的下降率也随之增多，说明当环境 $PM_{2.5}$ 浓度相对较高时，绿色空间的 $PM_{2.5}$ 消减作用越显著。其中，当 $PM_{2.5}$ 污染由优至良时，提升同等绿化覆盖率导致的 $PM_{2.5}$ 浓度下降差异尚小，但 $PM_{2.5}$ 污染从良至轻度污染时，$PM_{2.5}$ 浓度下降的差异较大。

通过拟合曲线分析得到两个关键要点，即绿化覆盖率影响 $PM_{2.5}$ 浓度变化的方式为非线性，且受到绿化覆盖率与环境 $PM_{2.5}$ 浓度的影响。

不同环境 $PM_{2.5}$ 浓度背景下，$PM_{2.5}$ 的下降率也不同，这与 Selmi 等通过 i-Tree Eco 模型对城市中树木的 $PM_{2.5}$ 去除效果评估得到的结论相符。对于环境 $PM_{2.5}$ 浓度的影响，当浓度升高时，植物叶片纹理变得不规则，表面粗糙度增加，

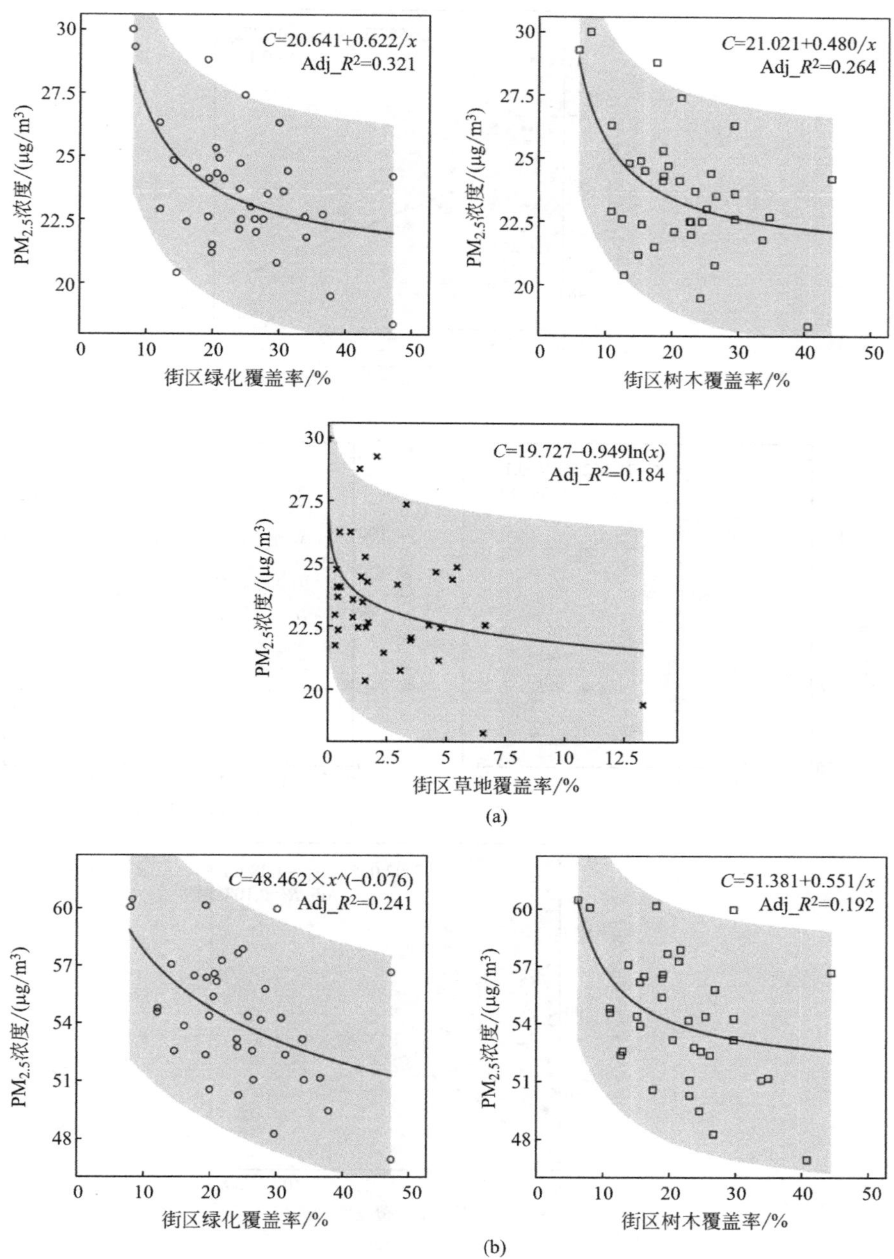

图 4.2-6　不同污染程度 $PM_{2.5}$ 浓度与绿化覆盖率的拟合曲线

(a) 空气“优”时 $PM_{2.5}$ 浓度与绿化覆盖率拟合；

(b) 空气“良”时 $PM_{2.5}$ 浓度与绿化覆盖率拟合；

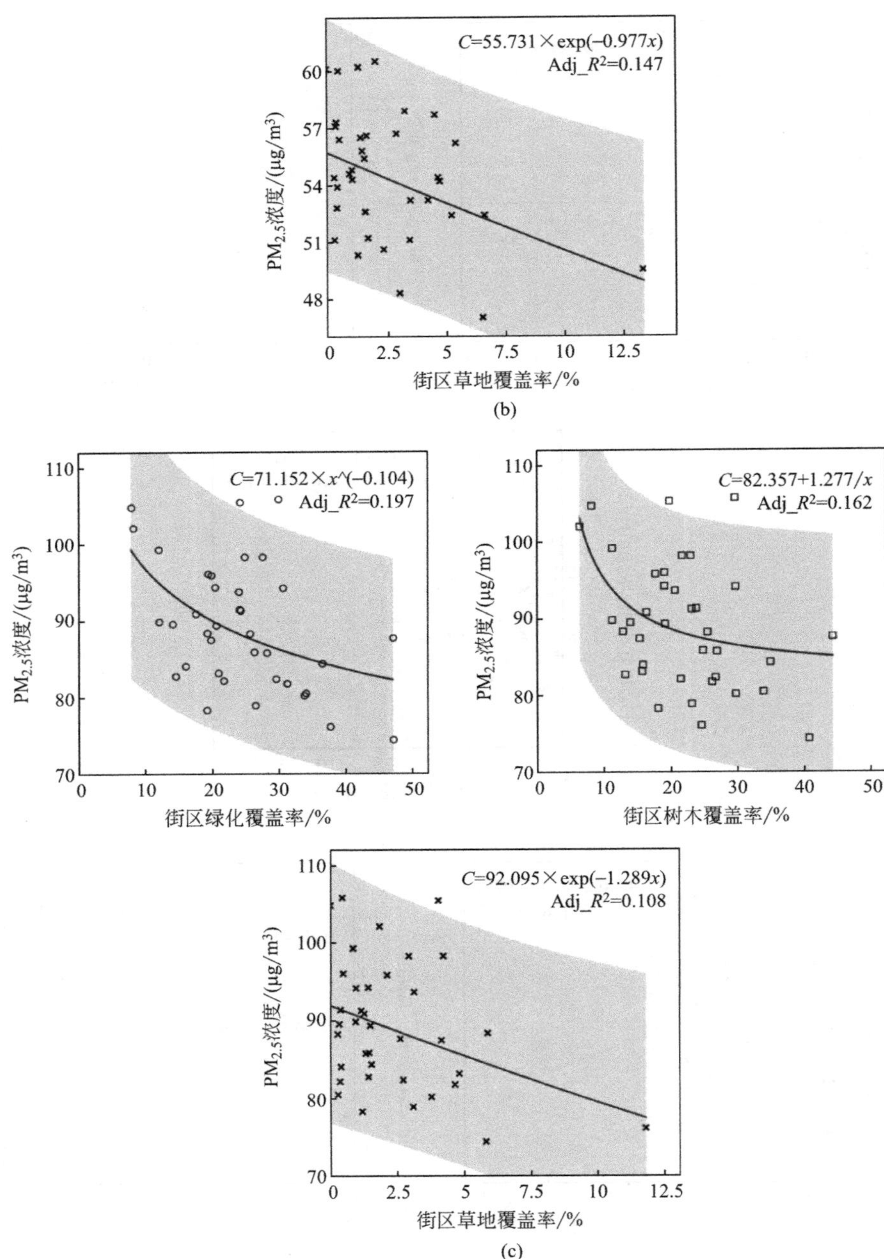

图 4.2-6　不同污染程度 $PM_{2.5}$ 浓度与绿化覆盖率的拟合曲线（续）

（b）空气“良”时 $PM_{2.5}$ 浓度与绿化覆盖率拟合；

（c）空气“轻度污染”时 $PM_{2.5}$ 浓度与绿化覆盖率拟合

导致叶片表面的接触面增大，叶片蜡质层逐渐消失以及绒毛增长等变化也使其能够滞留更多的 $PM_{2.5}$。然而，植物对 $PM_{2.5}$ 的消减存在一定的限度，超过一定浓度后滞留量达到饱和，其消减效果也会减弱。此外，污染程度较严重时，往往由于降雨频率低、降雨量小等因素，降低雨水冲刷叶片的机会，导致植物缺乏反复吸附 $PM_{2.5}$ 的循环自净能力。尽管如此，在一年之中，绿色植物消减 $PM_{2.5}$ 能力较强的轻度污染及优良天气占比较高，而中度、重度污染出现的天数占比较低，因此整体来看，绿色空间对 $PM_{2.5}$ 的作用仍较明显。

对于绿化覆盖程度的影响，由于拥有更大的叶面积指数（Leaf Area Index，LAI），高大健康乔木的年均空气污染物的去除率是较小乔木的 60 倍。然而植物对 $PM_{2.5}$ 的吸附并非仅与绿化覆盖率相关，更多地受其三维绿量（Leaf Area，LA）的影响。随着街区绿化覆盖率增加至一定程度，由于其中的绿地类型、乔草构成比例等不同，其三维绿量与绿化覆盖率也并非简单的线性关系，加上植物对 $PM_{2.5}$ 有限的吸附能力，导致绿化覆盖率较高时，$PM_{2.5}$ 的下降程度趋于稳定状态。因此，街区中的绿化覆盖率对 $PM_{2.5}$ 的消减是有限度的，对空间环境的调控策略具有一定的启示意义。

4.3　街区绿色空间形态对 $PM_{2.5}$ 的影响

4.3.1　街区 MSPA 要素与 $PM_{2.5}$ 相对指标的分布特征

1. MSPA 要素

MSPA 的七类要素以不同的形态格局相互组织在一起，也对应着它们在街区中所代表的实际物质空间属性。其中，核心是较大规模的绿地，例如综合绿地、社区公园等；孤岛是面积较小、相互孤立的绿斑，如口袋公园、散置行道树等；孔隙是受到人为因素干扰而产生的核心内部与非绿地区域的交界地带；边缘则是核心和外界非绿色空间区域的交界地带，如社区公园的外围林带；环线、桥接、分支是三种线性空间，分别对应着连接同一大规模绿地、相邻大规模绿地、大规模绿地与外围非绿色空间区域的道路绿化带、景观带等。总体来看，这些要素构成了绿色空间的点（孤岛）、线（环线、桥接、分支）、面（核心、边缘、孔隙）。

如图 4.3-1 所示，37 个街区的 MSPA 要素分布具有较大差异。首先，核心与边缘是两大主要的 MSPA 构成要素，分别占据七类要素的 5%～35%、5%～15%，平均占比分别为 10.6%、9.4%。以核心为主导的街区绿色空间，规模较大的绿地提高了绿色空间的优势度，也反映了绿色空间的整体性较好，其中，WH3、NJ4 尤为突出。以边缘为主导的街区绿色空间，较多零散分布的中小型核心增加了边缘的占比，在 37 个街区中的占比较均衡。其次，次要的构成要素为孤岛与分支，它们的占比均迅速下降并低于 3%，平均占比均为 1.7%。孤岛较多的街区中分布着大量小规模的绿色斑块或斑点，反映出街区绿色空间的破碎化程度较严重，分支作为从核心伸出的一截绿廊，需要进一步与其他绿色斑块进行联结。最后，桥接、孔隙与环线类 MSPA 要素中占比最少的三类，绝大部分均少于 1%，甚至个别街区的含量为 0，说明街区中的线性廊道仍较少，斑块间的连通性有待加强。

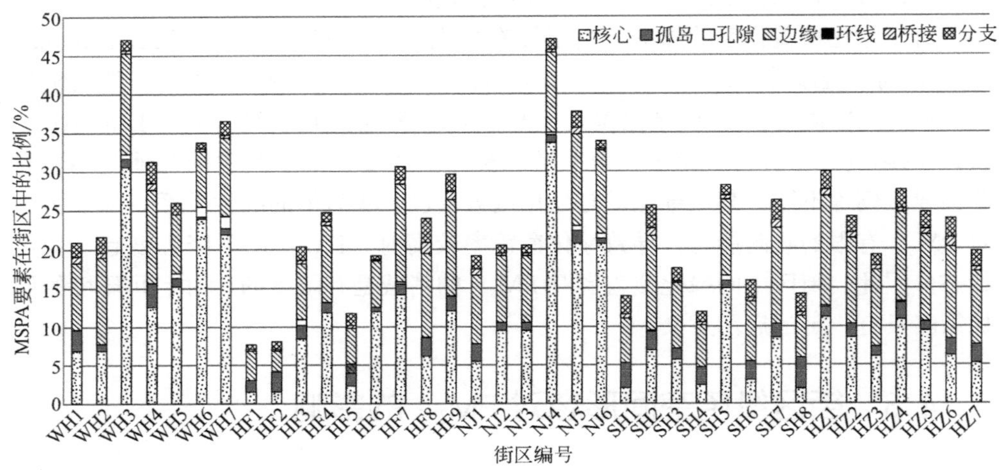

图 4.3-1　街区七种 MSPA 要素分布

2. $PM_{2.5}$ 相对指标

图 4.3-2 显示出不同污染程度下的 37 个街区 $C_{\uparrow}$ 与 $C_{\wedge}$ 值。在轻度污染时，37

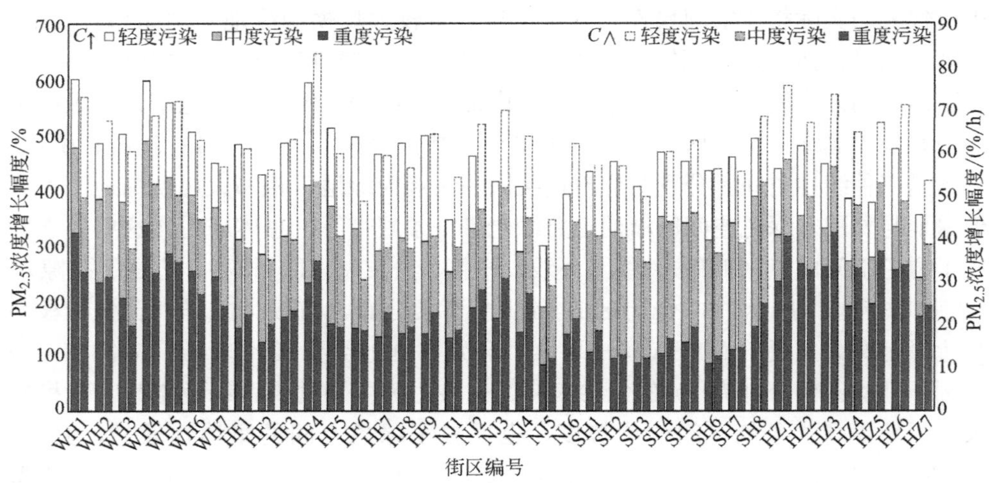

图 4.3-2　街区 $PM_{2.5}$ 浓度的增长幅度与速率

个街区的 $C_{\uparrow}$ 从 81%～191%不等，平均值为 129%。$C_{\uparrow}$ 的最大值出现在 HF9，最小值在 WH7。基于单因素方差分析的多重比较分析，$C_{\uparrow}$ 在合肥的 6 个街区与位于其他城市的 5 个街区差异显著，例如，$C_{\uparrow}$ 的平均差值在 HF4 与 WH7、NJ1、HZ5 之间为 86%～106%，在 HF9 与 WH2、WH7、NJ1、SH8、HZ5 之间的差值为 86%～111%。而 $C_{\uparrow}$ 在其他街区间没有显著差异，差值普遍低于 50%。随着污染程度的增加，$C_{\uparrow}$ 在街区间的差异化更大，尤其在重度污染时，最大值与最小值之间差值达 255%。此外，$C_{\wedge}$ 在街区中的分布与 $C_{\uparrow}$ 具有相似的特征规律，轻度、中度、重度污染时，37 个街区的 $C_{\wedge}$ 平均值分别为 17.8%/h、20.1%/h、26.1%/h。

图 4.3-3 显示了不同污染程度下的 37 个街区 $C_{\downarrow}$ 与 $C_{\vee}$ 值。与 $C_{\uparrow}$、$C_{\wedge}$ 相比，它们具有较小的街区差异，并且不同污染程度呈现出相似的分布特征。轻度、中度、重度污染时，37 个街区的平均 $C_{\downarrow}$ 分别为 53%、57%、56%。同样地，37 个街区的 $C_{\vee}$ 也较为接近，37 个街区的平均 $C_{\vee}$ 分别为 10.4%/h、9.4%/h、8.6%/h。$C_{\vee}$ 差异较大值出现在 SH5、SH8 与其他街区，以及 HF1、HF5、HF8 与合肥其他街区之间，尤其在重度污染时。

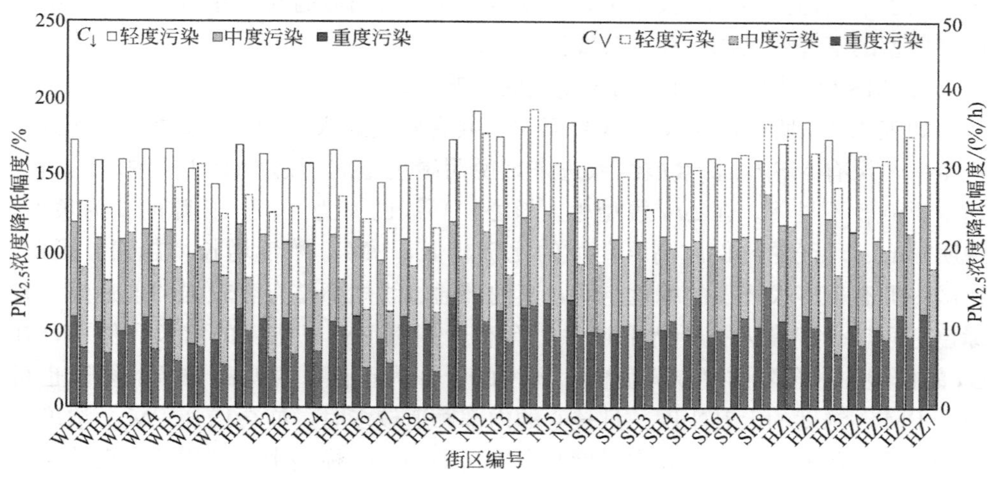

图 4.3-3　街区 $PM_{2.5}$ 浓度的降低幅度与速率

综上所述，不同街区绿色空间形态与 $PM_{2.5}$ 相对指标均存在一定程度的差异，反映出街区绿色空间形态对 $PM_{2.5}$ 浓度的动态变化有着不同的影响，是进行后续研究的前提与基础。

4.3.2　MSPA 要素对 $PM_{2.5}$ 相对指标的影响

基于七个 MSPA 要素以及三个气象因子构成的十个解释变量，通过逐步回

归分析它们对 $PM_{2.5}$ 相对指标的影响。其中，Adj _ R^2 为调整后的 R^2，考虑了样本量与解释变量数量对模型解释度的影响，能反映回归模型中解释变量对 $PM_{2.5}$ 相对指标的解释程度；β 为非标准化系数，其值的正负表示解释变量对 $PM_{2.5}$ 相对指标的影响方式；β' 为标准化系数，用于衡量不同解释变量对 $PM_{2.5}$ 相对指标的贡献程度；方差膨胀因子用于判断不同解释变量之间的共线性程度，其值小于 10 时，说明解释变量不存在共线性。

1. $PM_{2.5}$ 增长类指标分析

表 4.3-1 显示了不同污染程度时 MSPA 要素对 $PM_{2.5}$ 增长类指标的影响，共涉及 12 个回归模型。不同模型纳入的解释变量不同，说明 MSPA 要素及气象因子对 $PM_{2.5}$ 增长的影响较为复杂，且存在污染程度的差异。其中，气象因子对 $PM_{2.5}$ 增长的影响相对强于 MSPA 要素，得益于它们普遍较高的 β'，而 MSPA 要素的影响相对较弱。由不同模型的 Adj _ R^2 可知，这些解释变量可共同解释 $PM_{2.5}$ 浓度增长变化的 9.5%～80.4%，污染程度越重，这些解释变量可以更多地解释 $PM_{2.5}$ 的增长变化。在重度污染时，仅气象因子纳入回归模型，说明污染越严重时，绿色空间形态对 $PM_{2.5}$ 的变化基本无影响作用。通过方差膨胀因子可知，除了中度污染的 $\Delta t_{\uparrow}$ 模型中，温度与风速有着明显的共线性问题，其余纳入回归模型的解释变量均不存在共线性问题。

1）MSPA 要素对 $PM_{2.5}$ 增长变化的影响方式

如表 4.3-1 所示，在 MSPA 要素中，共有四类进入不同的回归模型。在 $C_{\wedge}$ 模型中，没有 MSPA 要素被纳入进来，说明绿色空间形态对 $PM_{2.5}$ 浓度的增长速率影响较不显著。在 $\Delta t_{\uparrow}$ 模型中，核心、环线的 β 为正值，孔隙的 β 为负值，说明核心、环线的比例越高，孔隙的比例越低，$PM_{2.5}$ 浓度增长得越慢。因此，街区中拥有较多大规模的绿色空间，其内部通过线性廊道有着较强的连通性，且绿色空间较少存在人为干扰的迹象，有利于抑制 $PM_{2.5}$ 浓度的增长。然而，在 $C_{\uparrow}$ 的模型中，孔隙的 β 亦为负值，环线的 β 亦为正值，说明高比例的孔隙也可减少 $PM_{2.5}$ 浓度的上升幅度，且核心的内部廊道较多时，亦会增加 $PM_{2.5}$ 浓度的上升幅度。此外，分支的 β 在轻度与中度污染的 $\Delta t_{\uparrow}$ 模型中符号相反，反映它对 $PM_{2.5}$ 浓度增长作用的不稳定性。

2）MSPA 要素对 $PM_{2.5}$ 增长变化的影响强度

$PM_{2.5}$ 相对指标与 MSPA 要素的回归分析表明，对 $PM_{2.5}$ 增长具有显著影响的 MSPA 要素往往相互结合、共同作用，而现实中亦是如此。为了厘清各个要素所发挥的作用，明确单个 MSPA 要素对 $PM_{2.5}$ 变化的作用强度，下面将影响显著的 MSPA 要素进行偏相关分析及图示化，探索控制其他变量以后它们对 $PM_{2.5}$ 增长及降低的作用强度。

$PM_{2.5}$ 浓度增长类指标与 MSPA 要素、气象因子的逐步回归分析 **表 4.3-1**

污染过程	$C_{\uparrow}$				$\Delta t_{\uparrow}$				$C_{\wedge}$			
	变量	β	β'	VIF	变量	β	β'	VIF	变量	β	β'	VIF
整体污染	孔隙	−22.161*	−0.388	1.118	相对湿度	7.863**	0.566	1.000	风速	−0.031*	−0.347	1.000
	相对湿度	3.002**	0.585	1.118	常量	2.145	—	—	常量	0.257	—	—
	常量	−0.675	—	—	Adj _R^2=0.301,F=16.533,P=0.000				Adj _R^2=0.095,F=4.784,P=0.035			
	Adj _R^2=0.307,F=8.967,P=0.001											
轻度污染	温度	−0.126**	−0.453	1.272	分支	30.123*	0.356	1.000	风速	−0.055**	−0.439	1.000
	风速	−0.565**	−0.574	1.272	常量	6.749**	—	—	常量	0.296**	—	—
	常量	3.684**	—	—	Adj _R^2=0.102,F=5.075,P=0.031				Adj _R^2=0.170,F=8.364,P=0.007			
	Adj _R^2=0.253,F=7.090,P=0.003											
中度污染	环线	319.227*	0.220	1.109	核心	8.607**	0.339	2.396	风速	0.057**	0.724	1.000
	温度	−0.578**	−1.659	3.503	孔隙	−148.021*	−0.270	2.071	常量	0.094**	—	—
	相对湿度	13.718**	1.320	3.423	环线	1188.135*	0.211	1.258	Adj _R^2=0.510,F=38.478,P=0.000			
	常量	−2.671**	—	—	分支	−107.344**	−0.343	1.294				
	Adj _R^2=0.773,F=41.826,P=0.000				温度	−3.218**	−2.377	22.776				
					相对湿度	46.016**	1.140	4.084				
					风速	−5.880**	−1.538	22.701				
					常量	19.365*	—	—				
					Adj _R^2=0.804,F=22.070,P=0.000							
重度污染	相对湿度	18.848**	0.994	1.580	相对湿度	38.698**	0.981	1.580	相对湿度	1.341**	0.590	1.580
	风速	2.853**	0.909	1.580	风速	3.353**	0.513	1.580	风速	0.261**	0.695	1.580
	常量	−17.150**	—	—	常量	−27.143**	—	—	常量	−1.205**	—	—
	Adj _R^2=0.704,F=43.764,P=0.000				Adj _R^2=0.593,F=27.173,P=0.000				Adj _R^2=0.295,F=8.537,P=0.001			

注："*""**"表示常量或解释变量分别通过 5%、1%水平的显著性检验。

图 4.3-4 显示了 MSPA 与 $PM_{2.5}$ 增长类指标的偏相关关系，涉及显著影响 $PM_{2.5}$ 增长幅度、时长的四类 MSPA 要素。通过图中所示的回归方程，可计算各个 MSPA 要素对 $PM_{2.5}$ 增长变化的影响强度。在中度污染时，当 $PM_{2.5}$ 浓度开始增长时，增加 10%的核心将会使其增长时长提升 0.8h，有利于抑制 $PM_{2.5}$ 浓度的增长。虽然环线、孔隙和分支在所有 MSPA 要素中占比较低，且在各个街区中的含量较少，但仍然对 $PM_{2.5}$ 的增长变化具有较大的影响。例如，在中度污染时，增加 0.1%的环线可使 $PM_{2.5}$ 增长幅度提升约 30%。分支虽然在轻度、中度污染对 $PM_{2.5}$ 浓度增长时长的影响方式不同，但在中度污染对 $PM_{2.5}$ 增长的促进作用强于轻度污染对 $PM_{2.5}$ 的抑制作用。

3）MSPA 要素对 $PM_{2.5}$ 增长变化的相对贡献程度

如表 4.3-2 所示，在中度污染的 $\Delta t_{\uparrow}$ 模型中，核心与环线同时对 $PM_{2.5}$ 的增长时长具有显著作用，它们较高的占比增加了 $PM_{2.5}$ 浓度的增长时长，而分支与孔隙的作用与此相反。然而，从它们的 β' 来看，分支与核心对 $PM_{2.5}$ 增长时长的贡献度明显高于孔隙与环线。显然，分支对于 $PM_{2.5}$ 浓度的增长时长在不同污染

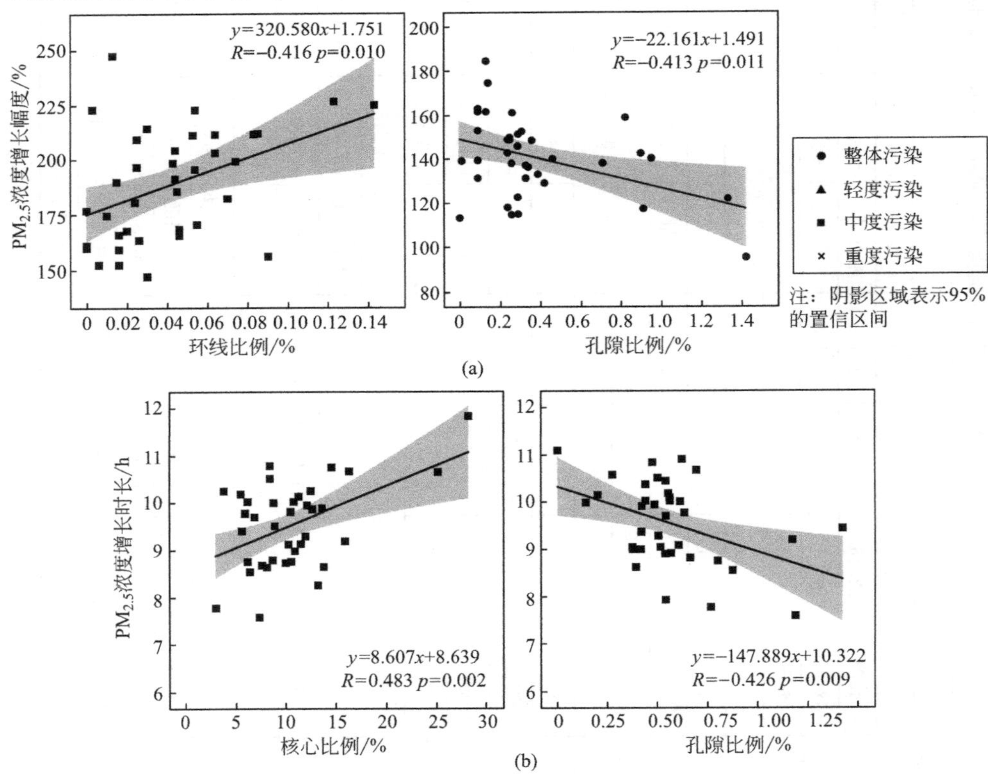

图 4.3-4　$PM_{2.5}$ 浓度增长类指标与 MSPA 要素的偏相关散点图

（a）$PM_{2.5}$ 浓度增长幅度与 MSPA 的关系；（b）$PM_{2.5}$ 浓度增长时长与 MSPA 的关系

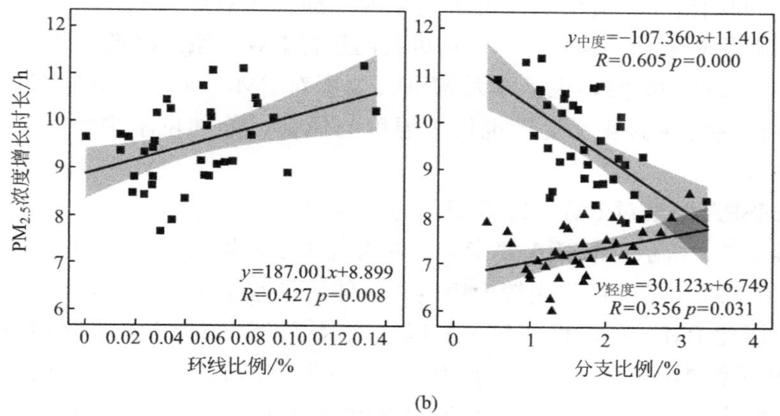

图 4.3-4　$PM_{2.5}$ 浓度增长类指标与 MSPA 要素的偏相关散点图（续）

（b）$PM_{2.5}$ 浓度增长时长与 MSPA 的关系

程度时影响方式不一致。这或许是由于仅当分支纳入回归模型时（轻度污染），分支的比例越高，可以提供越多的绿色空间用于吸附 $PM_{2.5}$，因此有利于抑制 $PM_{2.5}$ 的增长，然而当核心、孔隙、环线等均被纳入回归模型时，具有大规模绿色空间的核心对消减 $PM_{2.5}$ 起到更显著的主导作用，从而导致分支的作用被弱化。进一步来说，通过标准化后的 β'（即 β''）对比七类 MSPA 要素对 $PM_{2.5}$ 增长变化的贡献程度。综合所有模型 MSPA 要素的贡献程度（表 4.3-2），核心的 β''相对最大，对 $PM_{2.5}$ 增长时长的贡献度最高，孔隙、环线的 β''在不同模型中差异较大，对 $PM_{2.5}$ 增长幅度的贡献度高于增长时长，分支的 β''具有污染程度的差异，中度污染时对 $PM_{2.5}$ 增长时长的贡献度高于轻度污染。

$PM_{2.5}$ 增长类指标回归模型中的绿色空间形态指标标准化后的 β' 值　表 4.3-2

污染程度	标准化后的 β'（即 β''）					
	$C_{\uparrow}$		$\Delta t_{\uparrow}$		$C_{\wedge}$	
整体污染	孔隙	0.020	—	—	—	—
轻度污染	—	—	分支	0.007	—	—
中度污染	环线	0.038	核心	0.114	—	—
	—	—	孔隙	0.091	—	—
	—	—	环线	0.071	—	—
	—	—	分支	0.115	—	—
重度污染	—	—	—	—	—	—

2. $PM_{2.5}$ 降低类指标分析

表 4.3-3 显示了不同污染程度时 MSPA 要素对 $PM_{2.5}$ 降低类指标的影响，亦

涉及 12 个回归模型。类似地，由于气象因子拥有相对更大的 β'，它们对 $PM_{2.5}$ 降低的影响相对更强。这些解释变量可共同解释 $PM_{2.5}$ 浓度降低变化的 37.2%～77.7%。在重度污染时，也基本无 MSPA 要素对 $PM_{2.5}$ 浓度的降低有显著影响。此外，存在共线性的解释变量也仅为温度与风速，分别位于中度污染的 $C_{\downarrow}$ 与 $C_{\vee}$ 模型中。

1）MSPA 要素对 $PM_{2.5}$ 降低变化的影响方式

如表 4.3-3 所示，MSPA 要素中，共有五类要素纳入回归模型，且同种 MSPA 要素对 $PM_{2.5}$ 的降低作用较为稳定。整体污染水平下，MSPA 要素未纳入回归模型，因此 $PM_{2.5}$ 的降低变化主要以气象因子的影响为主。不同污染程度下，在 $\Delta t_{\downarrow}$ 的模型中，核心、桥接的 β 为负值，说明它们的比例越高，即街区中拥有较多规模较大的绿色空间斑块，且通过线性廊道相连具有良好的连通性，$PM_{2.5}$ 浓度下降所花的时间越少，即有利于促进 $PM_{2.5}$ 的消减。相反地，孤岛、边缘、孔隙的 β 为正值，说明它们的比例越高，即小规模的绿色空间斑块越多，分布越破碎，反而阻碍了 $PM_{2.5}$ 浓度的降低。此外，边缘对 $\Delta t_{\downarrow}$ 的影响说明在街区的核心占比一定时，以规模相对较小、数量较多的形态分布，其消减 $PM_{2.5}$ 的效果不如规模较大、数量较少的形态。孔隙对 $\Delta t_{\downarrow}$ 的影响说明了核心内部受到较多的人工干扰，也不利于 $PM_{2.5}$ 浓度的降低。在 $C_{\vee}$ 模型中，核心、桥接的 β 为正值，说明它们的比例越高，$PM_{2.5}$ 的下降速率越快，而孤岛、边缘的 β 为负值，说明它们较高的比例减弱了 $PM_{2.5}$ 的下降速率。这与它们对 $\Delta t_{\downarrow}$ 的影响效果一致。

2）MSPA 要素对 $PM_{2.5}$ 降低变化的影响强度

图 4.3-5 显示了 MSPA 与 $PM_{2.5}$ 降低类指标的偏相关关系，同样基于回归方程计算各个 MSPA 要素对 $PM_{2.5}$ 降低变化的影响强度。

（1）对于 $C_{\downarrow}$，在重度污染时，当孔隙提升 1%时，$PM_{2.5}$ 浓度的降低幅度将会下降约 10%。

（2）对于 $C_{\vee}$，在中度污染时，当核心的占比增加 14%，或桥接的占比提升 0.7%时，可使 $PM_{2.5}$ 浓度的降低速率提升 2%/h。相反地，在轻度污染时，当孤岛占比增加 3.5%，或边缘占比增加 10%时，$PM_{2.5}$ 浓度的降低速率会降低约 2%/h。

（3）对于 $\Delta t_{\downarrow}$，在 $PM_{2.5}$ 浓度开始下降时，中度、轻度污染下分别增加 14%的核心、0.8%的桥接可使其下降时间减少 1h，促进 $PM_{2.5}$ 浓度的快速降低。然而，在轻度污染下，增加 2.6%的孤岛或 6.7%的边缘，对 $PM_{2.5}$ 浓度的下降时长起到相反作用。

不同 MSPA 要素对 $PM_{2.5}$ 降低变化的影响强度不一致，但也同样反映出占比较小的 MSPA 要素可起到对 $PM_{2.5}$ 较强的影响作用。

$PM_{2.5}$ 浓度降低类指标与 MSPA 要素、气象因子的逐步回归分析　　表 4.3-3

污染程度	$C_{\downarrow}$				$\Delta t_{\downarrow}$				C_{V}			
	变量	β	β'	VIF	变量	β	β'	VIF	变量	β	β'	VIF
整体污染	温度	0.022**	0.562	1.739	相对湿度	20.012**	1.312	5.076	相对湿度	−0.480	−1.595	5.076
	相对湿度	−0.736**	−0.881	1.739	风速	1.440*	0.621	5.076	风速	−0.050**	−1.081	5.076
	常量	0.836**	—	—	常量	−10.396**	—	—	常量	0.534**	—	—
	Adj _R^2=0.414, F=13.735, P=0.000				Adj _R^2=0.626, F=31.141, P=0.000				Adj _R^2=0.599, F=27.935, P=0.000			
轻度污染	温度	0.018**	0.520	1.383	孤岛	38.938**	0.373	1.805	孤岛	−0.577*	−0.317	1.737
	相对湿度	−0.557**	−0.747	1.383	边缘	14.804**	0.459	2.423	边缘	−0.192*	−0.342	2.392
	常量	0.733**	—	—	桥接	−129.789**	−0.405	2.388	桥接	1.799*	0.322	2.359
	Adj _R^2=0.385, F=12.281, P=0.000				温度	0.241*	0.255	1.581	相对湿度	−0.711**	−2.039	7.215
					相对湿度	38.407**	1.920	8.268	风速	−0.092**	−1.579	7.268
					风速	5.584**	1.678	7.451	常量	0.800**	—	—
					常量	−35.784**	—	—	Adj _R^2=0.721, F=19.600, P=0.000			
					Adj _R^2=0.777, F=21.925, P=0.000							
中度污染	温度	0.084**	2.483	19.185	核心	−7.033**	−0.507	1.006	核心	0.143**	0.553	2.116
	相对湿度	−0.934**	−0.927	3.447	相对湿度	9.419**	0.427	1.006	边缘	−0.326*	−0.450	3.401
	风速	0.185**	1.943	17.872	常量	1.255	—	—	桥接	2.794*	0.387	2.412
	常量	0.094	—	—	Adj _R^2=0.372, F=11.657, P=0.000				温度	0.038**	2.729	21.962
	Adj _R^2=0.496, F=12.821, P=0.000								相对湿度	−0.455**	−1.108	4.481
									风速	0.071**	1.835	19.403
									常量	−0.075	—	—
									Adj _R^2=0.632, F=11.315, P=0.000			
重度污染	孔隙	−9.826**	−0.459	1.305	温度	2.676**	0.735	1.975	相对湿度	−0.252*	−0.389	1.580
	温度	0.113**	1.088	2.448	风速	15.247**	1.212	1.975	风速	−0.086**	−0.806	1.580
	相对湿度	0.841*	0.384	2.349	常量	−47.657**	—	—	常量	0.430**	—	—
	风速	0.320**	0.894	3.778	Adj _R^2=0.744, F=53.188, P=0.000				Adj _R^2=0.387, F=12.358, P=0.000			
	常量	−1.784**	—	—								
	Adj _R^2=0.516, F=10.601, P=0.000											

注："*""**"表示常量或解释变量分别通过 5%、1%水平的显著性检验。

3）MSPA 要素对 $PM_{2.5}$ 降低变化的相对贡献程度

综合以上对 $PM_{2.5}$ 浓度降低变化具有显著的因子来看，多种 MSPA 要素共同作用于 $PM_{2.5}$ 下降的特征更加明显。在轻度污染的 $\Delta t_{\downarrow}$ 与 C_{V} 模型中，$PM_{2.5}$ 的降低时长与速率均受到孤岛与边缘的显著影响，它们较高的比例不利于 $PM_{2.5}$ 的下降。从 β' 值来看，边缘的贡献度高于孤岛。中度污染的 $\Delta t_{\downarrow}$ 与 C_{V} 模型均反映了高比例的核心与桥接会促进 $PM_{2.5}$ 浓度的下降，且核心的作用强于桥接。如

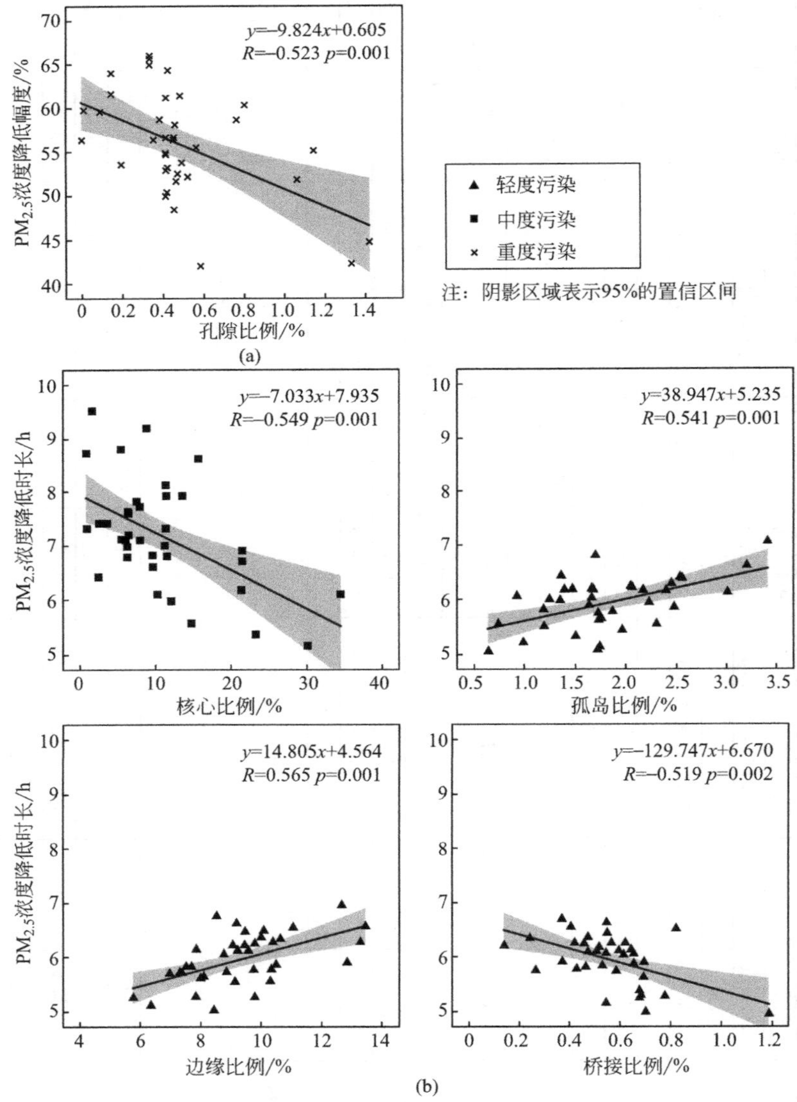

图 4.3-5　$PM_{2.5}$ 浓度降低类指标与 MSPA 要素的偏相关散点图

（a）$PM_{2.5}$ 浓度降低幅度与 MSPA 的关系；（b）$PM_{2.5}$ 浓度降低时长与 MSPA 的关系

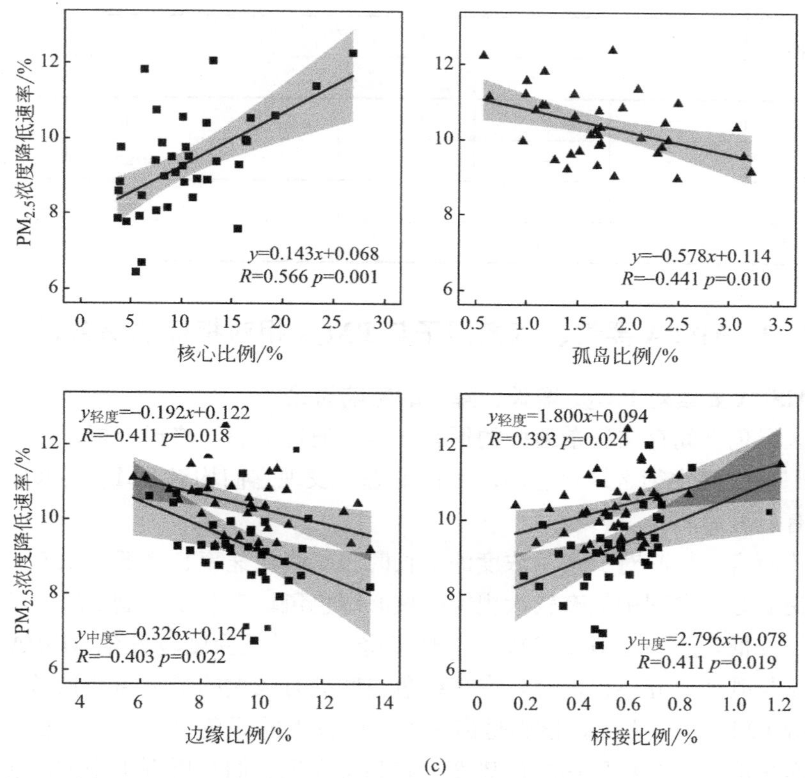

图 4.3-5　$PM_{2.5}$ 浓度降低类指标与 MSPA 要素的偏相关散点图（续）

（c）$PM_{2.5}$ 浓度降低速率与 MSPA 的关系

表 4.3-4 所示，通过标准化的 β' 对比不同 MSPA 要素对 $PM_{2.5}$ 降低的贡献程度。在七类绿色空间形态指标中，对于 $C_{\downarrow}$，仅孔隙具有显著贡献；对于 $\Delta t_{\downarrow}$，孤岛、边缘、桥接的贡献度相近，核心的贡献度最低；对于 C_{V}，核心的贡献度最高，孤岛、边缘、桥接的贡献度相近，且边缘、桥接的贡献度均随污染程度的增加而增加。

$PM_{2.5}$ 降低类指标回归模型中的绿色空间形态指标标准化后的 β' 值　表 4.3-4

污染程度	标准化后的 β'（即 β''）					
	$C_{\downarrow}$		$\Delta t_{\downarrow}$		C_{V}	
整体污染	—	—	—	—	—	—
轻度污染	—	—	孤岛	0.052	孤岛	0.040
	—	—	边缘	0.064	边缘	0.043
	—	—	桥接	0.057	桥接	0.041

续表

污染程度	标准化后的 β'（即 β''）					
	$C_{\downarrow}$		$\Delta t_{\downarrow}$		C_{V}	
中度污染	—	—	核心	0.013	核心	0.108
	—	—	—	—	边缘	0.087
	—	—	—	—	桥接	0.075
重度污染	孔隙	0.036	—	—	—	—

4.3.3 MSPA 要素、气象因子与 $PM_{2.5}$ 相对指标的综合讨论分析

1. MSPA 要素对 $PM_{2.5}$ 增长、降低的影响讨论

街区绿色空间存在复杂多样的形态，本章通过形态学格局分析，以七类 MSPA 要素量化 37 个街区绿色空间的不同形态，发现它们均对 $PM_{2.5}$ 浓度的增长及降低具有显著影响。

整体而言，核心对 $PM_{2.5}$ 浓度的增长时长、降低速率、降低时长有着积极的影响，说明绿色空间中拥有较大规模的核心绿色斑块有利于抑制 $PM_{2.5}$ 增长及促进 $PM_{2.5}$ 降低，且核心对于 $PM_{2.5}$ 增长或降低的贡献程度较其他 MSPA 要素更大。这点与既往研究不谋而合，发现绿色空间拥有较大的最大斑块值数，能较显著地消减 $PM_{2.5}$。一方面，核心是街区中规模较大的绿色斑块，增加街区核心的比例或面积能提高绿色斑块的优势度，有利于促进它们与周围中小型绿色斑块的连接。另一方面，本研究中街区大规模的绿色斑块往往由较大的乔木及其宽阔的树冠构成，这有利于改变风场或产生局部逆转，减少水平方向和垂直方向的空气交换，以更多地捕获空气中的 $PM_{2.5}$。桥接几乎有与核心相似的 $PM_{2.5}$ 影响方式，这主要得益于它的线性形态能将相邻的大规模绿色斑块进行连接，形成街区微绿网，增加绿色空间的连通性。因此，增加街区绿色空间中核心与桥接的比例，能提高绿色空间的稳定性及其环境的抵抗性，有助于消减 $PM_{2.5}$ 浓度。

然而，边缘与孔隙对 $PM_{2.5}$ 的影响呈现与核心、桥接几乎相反的结果。不似当前较多研究得出的场地中存在较高的边缘密度或边缘长度趋向于拥有较低的 $PM_{2.5}$ 浓度，本研究发现街区中边缘的比例越高，在 $PM_{2.5}$ 浓度下降时所花费的时间也越多，并且下降速率也减小，即不利于 $PM_{2.5}$ 的消减。这或许是由于边缘是以其面积占比来计算，而非其长度占比。此外，本研究所采用的边缘类指标仅包含了较大规模绿色核心斑块的外边缘，而并不包含绿色空间中的桥接、环线、分支等要素的外边缘。而边缘密度是所有绿色空间的外边缘，可间接反映绿色空间的规模，因此导致二者与 $PM_{2.5}$ 之间关系的差异。孔隙作为既往研究中鲜有涉及的一类绿色空间形态指标，在本研究中，尽管它在 MSPA 要素中所占的比例

较低，但当它在街区中的比例增加时，会使 $PM_{2.5}$ 浓度增长得更快及下降的幅度更小，说明绿色空间所受到的人工干扰也会影响它的 $PM_{2.5}$ 调控能力。

较高的孤岛占比会增加 $PM_{2.5}$ 浓度的降低时长及对 $PM_{2.5}$ 浓度降低速率的消极作用，反映了街区绿色空间斑块规模及其破碎或聚集程度的重要性。由于孤岛为规模较小的绿色斑块，街区中孤岛的比例越高，不仅使其难以充分发挥绿色空间吸附 $PM_{2.5}$ 的生态效益，往往也增加了街区中绿色空间的破碎化程度，因此不利于 $PM_{2.5}$ 的消减。此外，植物可释放挥发性有机化合物，发生化学反应，产生二次气溶胶，从而间接引起 $PM_{2.5}$ 污染，这或许亦是导致街区存在较多小规模绿色斑块时，不利于 $PM_{2.5}$ 下降的原因之一。

环线与分支对 $PM_{2.5}$ 的影响稍显不稳定，由于它们在街区中的占比较低，故应更多地考虑如何在不同的空间环境中与其他 MSPA 要素进行组织搭配，例如将分支通过廊道的延伸及连接转换成桥接。

回归分析与偏相关分析显示出，在 MSPA 中占比较低的环线、孔隙等要素，以及占比较高的核心、边缘等要素，均能显著影响 $PM_{2.5}$ 浓度的增长或降低，且作用强度不随其占比少而减弱，因此所有要素在绿色空间形态优化调控时都应受到重视。

此外，MSPA 要素对 $PM_{2.5}$ 的影响呈现出污染程度上的差异。不同形态的绿色空间要素均在轻度、中度污染时与 $PM_{2.5}$ 的增长或降低有显著影响。该现象表明，一方面，就引起 $PM_{2.5}$ 变化的影响因素而言，可包含建成环境、城市形态、土地利用等多方面因素，但气象因子无疑是极具影响力的外界因素之一，当污染极度严重时，气象因子成为主要的影响因素；另一方面，如前文所述，随着污染程度的增加至某一程度，绿色空间吸附 $PM_{2.5}$ 的能力达到上限。因此，通过绿色空间调控 $PM_{2.5}$ 也具有一定的局限性。

2. 街区不同形态的绿色空间对 $PM_{2.5}$ 影响的对比

综合 MSPA 要素对 $PM_{2.5}$ 浓度增长与降低的影响，不同要素的作用强度也不同。产生同等 $PM_{2.5}$ 增长或下降效果时，MSPA 要素所需的增减量与其各自在绿色空间中的占比有关，占比较低的要素（环线、孔隙等）仅需较少的增减量就能达到与占比较高的要素（核心、边缘等）同等的作用，说明不论不同形态绿色空间含量的高低，均发挥着重要作用。本章通过以上分析，也对绿色空间所发挥生态效应的主观感知进行了验证。综上所述，不同的绿色空间形态对 $PM_{2.5}$ 的增长与降低起着不同的作用，但同一形态要素对 $PM_{2.5}$ 的增长与降低作用具有高度的一致性，综合它们对 $PM_{2.5}$ 的增长及降低两个维度的作用方式，可提出更加科学的绿色空间优化方法。

将 37 个街区基于绿色空间规模与形态两个维度，以绿化覆盖率与 MSPA 的七个要素进行聚类分析，该结果与仅基于绿化覆盖率的聚类分析结果相近（表 4.3-5）。依据街区之间绿色空间形态的差异，将 37 个街区分为四类，名称如下：（1）高绿化覆盖集中型，该类型街区仅有 2 个，均属于教育用地，拥有集中分布的大规模绿色空间，绿色空间彼此连通性较高；（2）高绿化覆盖分散型，包含 4 个街区，街区中均纳入周边规模较大的绿地，形成街区核心区域，连接周围中小型绿色空间；（3）低绿化覆盖分散型，包含 24 个街区，是城市中普遍存在的街区类型，以居住、商业用地为主，绿色空间整体规模较小，呈现较均质化的空间分布特征；（4）低绿化覆盖破碎型，包含 7 个街区，街区建设密度高，而绿色空间规模极小，且破碎化分布严重。

37 个街区按照绿色空间规模与形态的分类 **表 4.3-5**

街区类型	高绿化覆盖集中型	高绿化覆盖分散型	低绿化覆盖分散型	低绿化覆盖破碎型
街区编号	WH3、NJ4	WH6、WH7、NJ5、NJ6	WH1、WH2、WH4、WH5、HF3、HF4、HF6、HF7、HF8、HF9、NJ1、NJ2、NJ3、SH2、SH3、SH5、SH7、HZ1、HZ2、HZ3、HZ4、HZ5、HZ6、HZ7	HF1、HF2、HF5、SH1、SH4、SH6、SH8
街区绿色空间形态特征	绿色空间规模大，且连通性、整体性较强	绿色空间规模较大，有一个较大核心绿色区域联动周围中小型绿色斑块	绿色空间规模较小，绿色空间较为均质化	绿色空间规模小，且破碎化严重，基本呈现孤岛状分布
代表图示				

为了直观地展示街区绿色空间的不同形态，并为绿色空间形态的优化调控提供参考，依据不同街区 $PM_{2.5}$ 增长、降低幅度及速率的大小，下面各选取一个增长能力强与弱、降低能力强与弱的典型街区进行对比分析。

图 4.3-6 显示了基于 MSPA 分析的不同 $PM_{2.5}$ 增长、降低能力街区的绿色空间形态，以七类 MSPA 要素形态的方式呈现。

$PM_{2.5}$ 增长能力强的街区为 SH8，属于低绿化覆盖破碎型街区，在该街区中，绿色空间规模整体较小，除了少数几个专类公园（川沙公园）、附属绿地（曙光东苑、绿海家园、浦东新区人民医院附属绿地）等形成面积较大的核心，绿色空间主要以孤岛的形式呈现零散破碎的空间分布。该类街区的生态功能明显

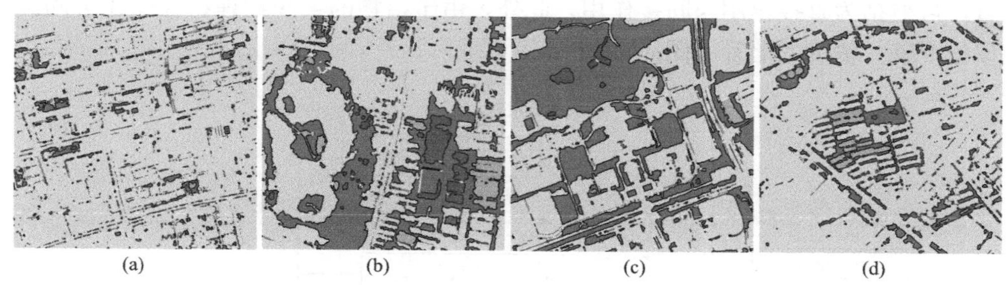

图 4.3-6　不同 $PM_{2.5}$ 增长、降低能力街区的绿色空间形态对比

（a）街区 SH8；（b）街区 WH7；（c）街区 NJ4；（d）街区 HZ3

较弱，破碎化的绿色空间格局削弱了它们对 $PM_{2.5}$ 的消减能力，从而促进了该街区的 $PM_{2.5}$ 增长。$PM_{2.5}$ 增长能力弱的街区为 WH7，属于高绿化覆盖分散型街区，街区绿色空间规模较大，与 SH8 形成了鲜明对比，紫阳公园及由附属绿地、行道树串联形成的格网状绿色空间为两大主要核心。核心的绿色空间对该街区的 $PM_{2.5}$ 消减起到主导作用，抑制了 $PM_{2.5}$ 的增长。$PM_{2.5}$ 降低能力强的街区为 NJ4，属于高绿化覆盖集中型街区，同样以大规模的绿色空间为骨架，串联南京师范大学校园内绿地及周围的宽阔绿带，而孤岛较少。绿色空间之间彼此邻近，连通性较高，加强街区整体微绿网的稳定性，使其发挥更显著的生态功能，从而有助于促进 $PM_{2.5}$ 的下降。$PM_{2.5}$ 降低能力弱的街区为 HZ3，属于低绿化覆盖分散型街区，绿色空间整体规模亦较小，仅存在少量社区公园（和睦公园）及居住区附属绿地等形成的核心，因此对 $PM_{2.5}$ 的消减作用较不明显。以上 4 个街区绿色空间形态的桥接方式是连接相邻两个核心，在街区小尺度，主要是由较窄的绿廊构成，而较宽的绿廊与周边的绿色空间渗透形成核心。这些空间形态特征说明了由较多核心组成的连片绿色空间有利于抑制 $PM_{2.5}$ 的增长而促进其下降，相反地，较多零散分布的小型孤岛也减小了桥接存在的比例，则不利于 $PM_{2.5}$ 的下降。同样，为街道行道树织补形成的格网状核心，其宽度较大（WH7）时所发挥的 $PM_{2.5}$ 缓解作用效果更佳。

4.4　街区绿色空间对 $PM_{2.5}$ 的作用机制分析

针对以上量化分析结果，结合其他相关研究，本节尝试探讨绿色空间对 $PM_{2.5}$ 的作用机制。绿色空间主要由植物构成，而其对 $PM_{2.5}$ 的作用方式较为复杂，可分为以下五种：（1）减源——植被覆盖地表减少 $PM_{2.5}$ 的来源；（2）滞纳——叶面吸附捕获颗粒物；（3）吸附——叶片气孔吸附 $PM_{2.5}$；（4）沉降——降低风速、增加湿度沉降 $PM_{2.5}$；（5）阻滞——改变风场阻碍 $PM_{2.5}$ 进入局部区域，可概括为直接作用与间接作用。此外，由于植物的某些物理特性，还会间接促进 $PM_{2.5}$ 浓度的上升（图 4.4-1）。

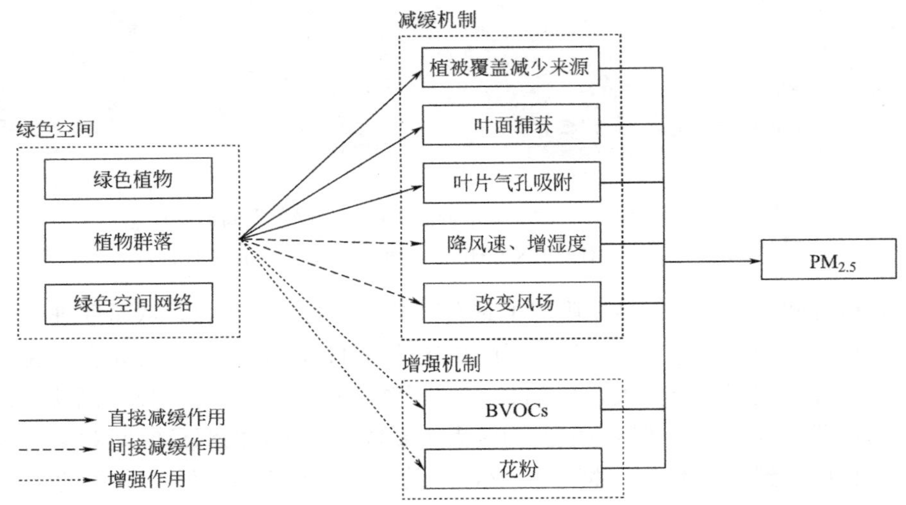

图 4.4-1 街区绿色空间对 $PM_{2.5}$ 的作用方式

4.4.1 植物对 $PM_{2.5}$ 消减的直接作用

植物的叶片、枝干及其冠层结构可对 $PM_{2.5}$ 起到阻滞吸附作用，植物叶片分泌物能黏附大气中的 $PM_{2.5}$，叶片的粗糙度、绒毛长度等因素影响黏附效果。因此，从宏观层面来看，当植物组合在一起，形成较大规模、较多叶面积的面状绿地时，对 $PM_{2.5}$ 的消减作用增强。该作用机制对应于本研究中，表现为绿化覆盖率越高的街区，往往也拥有较高密度的叶面积指数，$PM_{2.5}$ 浓度相对较低。同样地，在绿色空间形态对 $PM_{2.5}$ 的影响方面，由公园绿地、附属绿地等构成的核心，其聚集的树冠形成了强大的缓冲界面，能提高 $PM_{2.5}$ 的阻滞能力。道路两侧较宽的绿带形成核心，较窄的绿带则连接两端核心形成桥接，可就地吸纳道路上产生的 $PM_{2.5}$，从而极大地促进 $PM_{2.5}$ 浓度的下降。

然而，当植物的结构特征及其物理作用受到外界浓度的影响时，对 $PM_{2.5}$ 的作用产生一定的变化，例如环境浓度的增加刺激了植物叶片蜡质层的消失、绒毛增长等变化，增强了它们对 $PM_{2.5}$ 的吸附能力，对应本研究不同污染程度绿色空间影响 $PM_{2.5}$ 浓度及其动态变化的差异性。

4.4.2 植物对 $PM_{2.5}$ 消减的间接作用

植物对 $PM_{2.5}$ 影响的间接作用表现为通过它们的蒸腾作用，改变其周围微气候，从而影响 $PM_{2.5}$ 的扩散或沉降。一方面，绿色空间可以营造一个相对湿润、温度较低的环境，有利于大气中 $PM_{2.5}$ 的湿沉降。另一方面，街区中的建筑布局、植物均对局部风环境产生影响。当风场流向绿色空间时，植物可降低风速，有助于 $PM_{2.5}$ 的沉降。在顺风方向上，孔隙度较低的植物在距其树冠直径 5 倍的地方就对风场产生干扰。树木对风场的影响还受到风向的影响，例如在街谷中，当风向与街谷的夹角为 45°时，植物对风场产生的作用最显著，且随着街道高宽比的增加，植物的作用也加强。因此，在城市街区复杂多样的建成环境中，植物种类、布局方式、建筑布局等差异，产生了对 $PM_{2.5}$ 复杂的影响方式。

4.4.3　植物对 $PM_{2.5}$ 的其他作用方式

植物对 $PM_{2.5}$ 除了具有积极的消减作用，也具有一些负面的影响。有些植物种类也是产生污染的因素之一，它们可释放挥发性有机化合物，发生化学反应，产生二次气溶胶，从而间接引起 $PM_{2.5}$ 污染。植物的花粉亦对空气质量的恶化有较大的影响作用。因此，当街区中绿色空间规模较小时，虽然植物仍维持着它对 $PM_{2.5}$ 的阻滞吸附作用，但或许它对 $PM_{2.5}$ 污染的加强作用更显著，从而表现为本研究中数量较多的小规模孤岛对 $PM_{2.5}$ 浓度的下降起抑制作用。

总体来说，由植物构成的街区绿色空间对 $PM_{2.5}$ 产生了复杂作用机制，植物叶面积指数、孔隙率、冠层结构等众多因素，通过不同的作用方式对 $PM_{2.5}$ 产生差异化的影响。虽然绿色空间也有一些负面作用，但仍以它们消减 $PM_{2.5}$ 的增强作用为主。

第5章 街区灰色空间对 $PM_{2.5}$ 的影响

灰色空间是相对于绿色空间的一种空间类型，在高密度的城市空间中，建筑、道路等硬质地表构成的灰色空间是街区普遍存在且规模较大的空间要素，这类空间往往对城市生态环境方面起到负面的作用，会加强城市洪涝灾害、热岛效应的严重性。在 $PM_{2.5}$ 等大气颗粒物污染方面，灰色空间也产生较大的影响力。因此，在提升、优化城市空间时，常常改造、利用灰色空间，或与绿色空间相结合，以提高灰、绿空间的生态、景观效益。

众观当前研究，在宏观尺度，学者们普遍关注城市建成区的发展规模、蔓延程度、紧凑度等城市形态对 $PM_{2.5}$ 的影响；在中小尺度，已有研究从建筑密度、高度、容积率等指标进行灰色空间与 $PM_{2.5}$ 浓度的关联分析，但一些指标的研究结果存在不确定性。此外，较多学者针对街谷这一特殊空间类型，通过 CFD 数值模拟探讨街谷的高宽比、长宽比等形态对 $PM_{2.5}$ 的影响。然而，上述研究往往集中在便于统计这些指标的城市行政边界、控规单元等统计空间单元，不均等的空间单元面积、灰色空间指标的系统性及 $PM_{2.5}$ 单一维度的数据形式等局限性，使相关研究仍有很大的发展空间，尤其是构成城市基本单元的普遍街区，鲜有研究涉及。

本章基于空气质量监测点的 $PM_{2.5}$ 数据，针对 37 个街区的灰色空间展开分析。与绿色空间相对应，亦从灰色空间的规模与形态两个维度探索它们对 $PM_{2.5}$ 的影响。灰色空间规模以硬质地表为代表指标来衡量，灰色空间形态从建筑、道路的空间布局、形态格局等方面选取若干形态指标。

5.1 研究方法

5.1.1 街区样本选择、$PM_{2.5}$ 指标与气象因子

延续第 4 章的技术方法，为了保证数据的一致性，街区样本、$PM_{2.5}$ 指标同

第 4 章使用的数据，同时，仍需考虑灰色空间分析中气象因子的影响。

5.1.2　街区灰色空间的遥感解译与数据库构建

灰色空间的各项指标数据来源于各城市 2017 年的 0.26m 高分辨率 Google Earth 影像图，本研究将辐射定标、几何校正等预处理后的图像置入 ArcGIS 10.5 软件中，进行以下操作。首先，借鉴 Sester 和 Edussuriya 等学者在相关研究所采用的数据处理方法，依据格式塔理论对街区建成环境进行了一定的简化。如图 5.1-1 所示，简化后的街区主要包括建筑、道路（主干道、次干道、支路）、绿化覆盖等共性要素，有的街区还涉及操场、水体等地物，这些要素能充分反映街区的建成环境特征。其次，利用开源街道地图 OSM 获取街区中各栋建筑的层数，依据居住、商业、行政办公等不同类型建筑的楼层高度标准，对建筑高度进行估算，并将腾讯街景地图作为参照，修正建筑高度的计算值。最后，画出各条道路的中心线，计算道路类指标。据此，本研究得到了各栋建筑基底面积、周长、层数、高度及道路长度等属性，用于构建灰色空间指标的三维数据库。

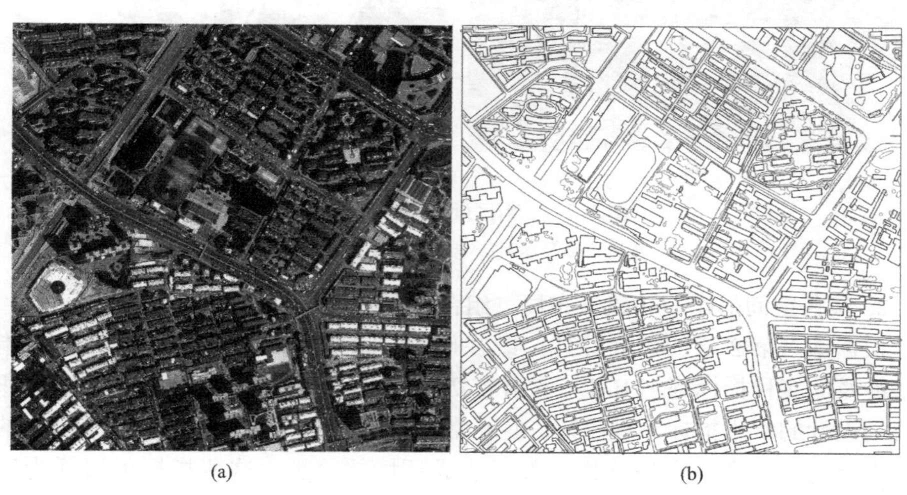

图 5.1-1　基于遥感影像图的街区建成环境的简化
（a）街区遥感影像图；（b）街区建成环境简化图

5.1.3　街区灰色空间规模与形态指标

1. 灰色空间规模——硬质地表率

硬质地表是人工建设活动所产生街区中最主要的建成环境之一，随着城市地表的硬化增多，植被、水体等软质地表的减少，其对扬尘、尾气等的拦截、过滤和吸附能力削弱，因此对 $PM_{2.5}$ 具有显著的影响。根据所选的 37 个街区样本特征，在

图 5.1-1 的基础上，将去除绿化覆盖、水体之后的要素均视为硬质地表，主要包含建筑、道路、停车场、硬质广场等空间要素（图 5.1-2）。硬质地表率（Hard Surface Cover Ratio，HSCR），即硬质地表在街区中所占的比例，计算公式如下：

$$\mathrm{HSCR}=\frac{S_{\mathrm{h}}}{S}\times 100\% \tag{5.1-1}$$

式中 S_{h}——硬质地表面积（m^2）；

S——街区面积（m^2）。

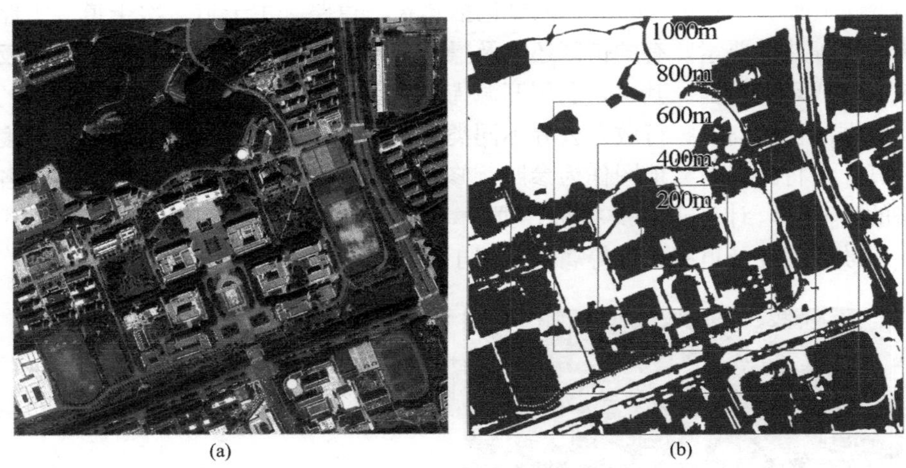

图 5.1-2　街区硬质地表提取示例

（a）街区遥感影像图；（b）街区硬质地表提取结果

2. 灰色空间形态——建筑布局、组合、道路形态

根据本书第 2 章的研究综述，既往研究提及的建成环境灰色空间相关指标中，涉及的多种指标都与 $PM_{2.5}$ 有着密切的联系，其中主要为建筑密度、容积率等规划设计的常用指标，也包括一些不常见的指标，或对 $PM_{2.5}$ 存在不稳定的影响，需要进一步进行实证分析。参考建成环境的分类，这些指标可概括为密度类、强度类、三维空间形态类、空间布局类等。

从上述各类空间指标中，选择一部分对 $PM_{2.5}$ 影响的灰色空间形态指标，主要考虑它们对 $PM_{2.5}$ 所具有的潜在影响，较全面地反映街区建成环境特征，便于计算与操作，数据较小的冗余度，以及在规划设计中的高适用性，并结合既往研究使用的一些经典指标，最终确定了以下七个指标。其中，建筑密度、道路密度为密度类指标，容积率为强度类指标，平均建筑高度、建筑高度标准差为三维空间形态类指标，建筑均匀度指数、天空可视因子为空间布局类指标。

1）建筑密度（Building Density，BD）

建筑密度是指街区中建筑基底总面积占街区面积的比例，反映了街区建筑覆盖的疏密程度。街区中的建筑密度越高，说明建筑越密集，往往导致街区较差的通风环境。考虑到高度在建筑形态及对 $PM_{2.5}$ 影响中的重要作用，参考 Zhao 等对于建筑在微气候研究中的高度划分，本研究进一步将建筑密度分为 1～3 层（BD_1）、4～9 层（BD_2）、10 层及以上（BD_3）的建筑密度，以便进行更深入的建筑形态研究。计算公式如下：

$$\mathrm{BD}=\frac{\sum_{i=1}^{n} S_i}{S}\times 100\% \tag{5.1-2}$$

式中　S_i——第 i 栋建筑的基底面积（m^2）；

S——街区面积（m^2）；

n——街区中建筑的数量。

2）容积率（Floor Area Ratio，FAR）

容积率是指街区中建筑总面积占街区面积的比例，反映了街区的建设强度。街区的容积率越高，往往意味着该街区有较多的建筑数量，较高的建筑高度以及高密度的人口，从而影响街区 $PM_{2.5}$ 的来源。

$$\mathrm{FAR}=\frac{\sum_{i=1}^{n} S_i F_i}{S} \tag{5.1-3}$$

式中　S_i——第 i 栋建筑的基底面积（m^2）；

S——街区面积（m^2）；

F_i——第 i 栋建筑的层数；

n——街区中建筑的数量。

3）平均建筑高度（Mean of Building Height，H）

平均建筑高度是指街区中所有建筑高度的平均水平，反映了街区竖向的形态特征及建设强度。建筑高度也影响着街区的风环境，平均建筑高度越高的街区往往高层建筑的数量也越多。

$$\mathrm{H}=\frac{1}{n}\sum_{i=1}^{n} h_i \tag{5.1-4}$$

式中　h_i——第 i 栋建筑的高度（m）；

n——街区中建筑的数量。

4）建筑高度标准差（Standard Deviation of Building Height，H_σ）

建筑高度标准差是指街区中所有建筑高度的标准差，反映了所有建筑高度的差异程度，H_σ 越大，说明街区建筑高度差异越大，建筑高度标准差越小，则建筑高度越均衡。街区建筑高度的差异或均衡化分布，对街区的风环境具有显著影响，从而影响街区 $PM_{2.5}$ 的扩散及浓度的动态变化。

$$\mathrm{H}_\sigma=\sqrt{\frac{1}{n}\sum_{i=1}^{n}(h_i-H)^2} \tag{5.1-5}$$

式中 h_i——第 i 栋建筑的高度（m）；

H——平均建筑高度（m）；

n——街区中建筑的数量。

5）建筑均匀度指数（Building Evenness Index，BEI）

建筑均匀度指数的选取源自张培峰等在建筑景观中的研究，是指建筑面积偏离平均面积的程度，起到类似于标准差的作用，可反映建筑体量之间的差异程度。建筑均匀度指数越小，建筑体量越均衡；建筑均匀度指数越大，则建筑体量的差异越大。

$$\text{BEI}=\frac{\sqrt{\sum_{i=1}^{n}(S_i-\overline{S})^2}}{S} \tag{5.1-6}$$

式中 S_i——第 i 栋建筑的基底面积（m^2）；

S——街区面积（m^2）；

$\overline{S}$——平均建筑面积（m^2）；

n——街区中建筑的数量。

6）天空可视因子（Sky View Factor，SVF）

天空可视因子是衡量城市形态的重要指标之一，由某点位周围建筑及其他物体的遮挡情况反映该地的开阔程度。在高于地面的物体中，建筑是影响街区空间开阔程度的主要要素，街区中的高架桥较少，可忽视不计，树木属于绿色空间，本章也未纳入考虑范畴，故仅将建筑作为遮挡要素，也是当前研究主要考虑的要素。天空可视因子在 0～1 之间取值，值越低，说明街区受建筑的遮挡越小，开阔度越高。

天空可视因子的计算基于街区建筑的 3D 模型与观测点，在 ArcGIS10.5 中进行操作。如图 5.1-3（a）所示，方位角增量 α 将由搜索半径 R 组成的半球体分割成若干同等的部分，并在各部分寻找最高建筑高度角 γ，γ 经 360°旋转构成天空可视边界多边形 g（x），进而形成由观测点垂直向上得到的鱼眼图（图 5.1-3b），鱼眼图中空白部分所占比例即为天空可视因子。天空可视因子的精度取决于 α 与 R，依据 Gál 等提出的方法，采用 200m 的搜索半径与 1°的方位角增量，可以得到较高精度的天空可视因子。因此，对于各个 1000m×1000m 街区，本研究设置 16 个均匀分布的观测点，以 16 个观测点天空可视因子的均值作为街区整体的天空可视因子（图 5.1-3c）。

$$\text{SVF}=\frac{1}{16}\sum_{j=1}^{16}\left[1-\sum_{i=1}^{m}\sin^2\beta\cdot\left(\frac{\alpha}{360}\right)\right] \tag{5.1-7}$$

式中 m——方位角数量，$m=360/\alpha$；

j——街区中观测点的数量，$j=16$；

β——最大建筑高度角（°）；

α——方位角增量（°）。

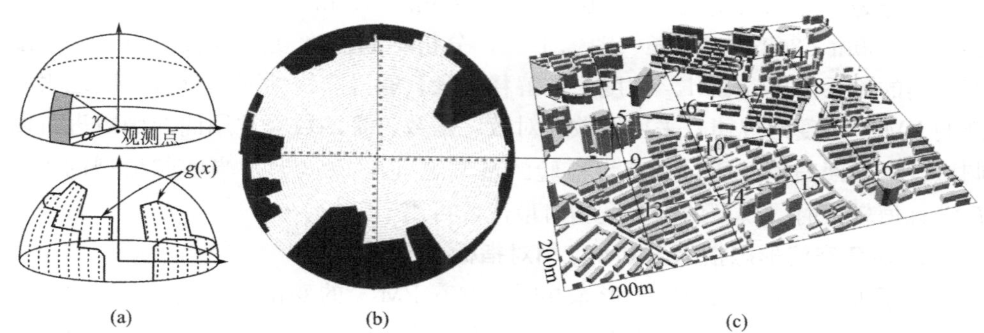

图 5.1-3　街区 HF5 的 SVF 计算图示

（a）天空可视因子计算原理图；（b）鱼眼图；（c）街区中观测点分布

7）道路密度（Road Density，RD）

道路密度是指街区中所有道路总长度占街区面积的比例。街区中，道路承载着汽车交通排放，由于研究为街区尺度，道路密度的计算对象除了高速路、快速路、主干道、次干道、支路，还包括小区、单位中的机动车道，因此可在一定程度上反映街区的 $PM_{2.5}$ 污染源强。

$$RD=\frac{L_r}{S} \tag{5.1-8}$$

式中　L_r——街区道路总长度（km）；

S——街区面积（m^2）。

5.1.4　数据分析

与绿色空间的分析方法相似，下面对当前研究关注较少的 $PM_{2.5}$ 相对指标进行重点考察，将 $PM_{2.5}$ 浓度与灰色空间的规模进行分析，即硬质地表率，将 $PM_{2.5}$ 的六个相对指标与灰色空间的形态进行分析，即七类灰色空间指标。基于上述分析，可进一步进行它们与既往对 $PM_{2.5}$ 浓度研究的类比分析与讨论。由于灰色空间规模与形态涉及的指标数量不同，本研究将采取以下不同的分析方法。

1. 硬质地表率与 $PM_{2.5}$ 浓度

首先，梳理硬质地表率与 $PM_{2.5}$ 浓度指标，分析不同街区硬质地表率与 $PM_{2.5}$ 浓度的差异性。

其次，为了明确硬质地表率与 $PM_{2.5}$ 浓度的关系，将街区按照硬质地表率进行聚类分析，得到硬质地表率高、中、低三个层次的街区分类，通过单因素方差分析、对比不同硬质地表覆盖程度的街区对 $PM_{2.5}$ 浓度影响的差异性。

最后，基于双变量相关分析，量化街区硬质地表率与 $PM_{2.5}$ 浓度之间的关联性，为了分析硬质地表率对 $PM_{2.5}$ 影响的尺度效应，本研究将各街区以 200m 为单位划分为 5 个尺度，分别为 1000m×1000m、800m×800m、600m×600m、400m×400m、200m×200m（图 5.1-2），分析不同尺度硬质地表率与 $PM_{2.5}$ 浓度之间的关系。再以 $PM_{2.5}$ 浓度为被解释变量，通过非线性回归分析硬质地表率影响 $PM_{2.5}$ 浓度的规律，采用倒数、对数、指数、幂函数等常用曲线函数进行回归拟合，在回归模型通过显著性检验的基础上（$P<0.05$），当回归模型的 R^2、F 统计值较大时，模型的拟合度相对最优，可用于分析。

2. 灰色空间形态指标与 $PM_{2.5}$ 相对指标

由于现实中多种灰色空间形态共同影响着 $PM_{2.5}$ 的变化，因此本研究通过多元回归分析探索灰色空间形态对不同污染程度下 $PM_{2.5}$ 变化的影响。回归分析分别以 $PM_{2.5}$ 的六个相对指标作为被解释变量，以七类灰色空间指标及三类气象因子作为解释变量，构建不同 $PM_{2.5}$ 相对指标的回归模型。根据模型的 P 值、R^2、F 值等指标筛选最优回归模型，并由各个解释变量的 P 值、t 值、β、β'等，得到对 $PM_{2.5}$ 相对指标影响显著的绿色空间形态指标或气象因子，以及它们对 $PM_{2.5}$ 相对指标的影响方式、影响强度、贡献程度等。

还通过 β 的正负判别因子的影响方式。由于 $PM_{2.5}$ 受多种因素影响，为了更好地理解不同因子对 $PM_{2.5}$ 的影响作用，本研究采用偏相关分析法得到当控制其他影响显著的解释变量后，单个因子对 $PM_{2.5}$ 的影响强度。考虑到不同回归模型的解释变量数量不同，且同一解释变量在不同模型中的 β'值也不同，通过各类指标 β'值的标准化处理，进而进行相互对比。标准化处理公式如下：

$$\beta''_{ij}=\beta'_{ij}\times\frac{\sum_{j=1}^{m}\beta'_{ij}}{\sum_{i=1}^{n}\left(\sum_{j=1}^{m}\beta'_{ij}\right)} \tag{5.1-9}$$

式中 β''_{ij}——标准化后的 β'；

β'_{ij}——第 i 个模型中第 j 个解释变量的 β'；

n——模型数量；

m——各个模型中解释变量的数量。

5.2 街区灰色空间规模对 $PM_{2.5}$ 的影响

5.2.1 街区硬质地表率

图 5.2-1 显示了不同尺度下各街区的硬质地表率分布，为了和绿色空间进行

对比，图中的横纵坐标分别设为树木覆盖率与草地覆盖率。整体而言，硬质地表率与绿色空间的分布趋势相反，绿色空间越多的街区，硬质地表率越低。在 1000m×1000m 的街区尺度中，硬质地表率普遍在 60%～90%，最小的为 24.2%（WH6），最大的为 92.0%（HF1）。其中，在硬质地表率相对较低的街区中，武汉占多数，部分街区中存在较大规模的公园绿地或水体，从而降低了硬质地表的比例；而在硬质地表率相对较高的街区中，合肥占多数，除绿化覆盖以外，基本无其他软质要素。随着街区尺度的减小，各街区的硬质地表率呈现相似的分布规律，虽然不同街区的硬质地表率或增或减，但变化相对较小且稳定。尺度越小的各街区硬质地表率与初始值差异越大，在 200m×200m 街区尺度中，硬质地表率与初始值的差异达到最大。

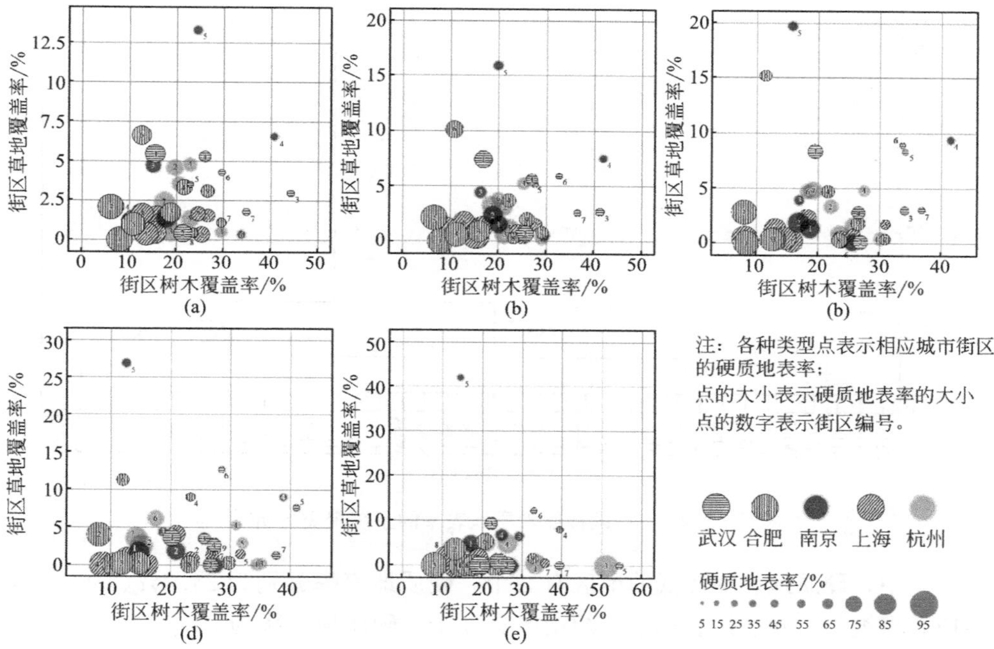

图 5.2-1　37 个街区硬质地表率分布

（a）1000m×1000m 街区；（b）800m×800m 街区；

（c）600m×600m 街区；（d）400m×400m 街区；（e）200m×200m 街区

综合来看，绝大部分街区的硬质地表率随尺度的变化较小，其中，WH5、WH6 的硬质地表率一直较低，但也有个别街区的硬质地表率变化较大，例如从 1000m×1000m 街区到 200m×200m 街区，HF4、NJ5 的硬质地表率分别由 73.6%、61.9%降至 36.5%、37.4%，分别下降了约 50%、39.6%。这些变化也同样说明了空间尺度在环境影响研究中的重要性，本研究以 1000m×1000m 作为街区尺度研究广泛采用的空间单元，在此基础上进行更细致的尺度分析，以便得到改善 $PM_{2.5}$ 较合宜的街区空间管控尺度。

5.2.2 不同硬质地表率的街区 $PM_{2.5}$ 浓度差异

本研究将街区按照 1000m×1000m 尺度的硬质地表率进行系统聚类分析，以同绿色空间一样的聚类度量标准，得到三个聚类组别，而这三个聚类组别依据其中所包含街区的硬质地表率值，可视为街区的低、中、高三种硬质地表覆盖程度（图 5.2-2）。

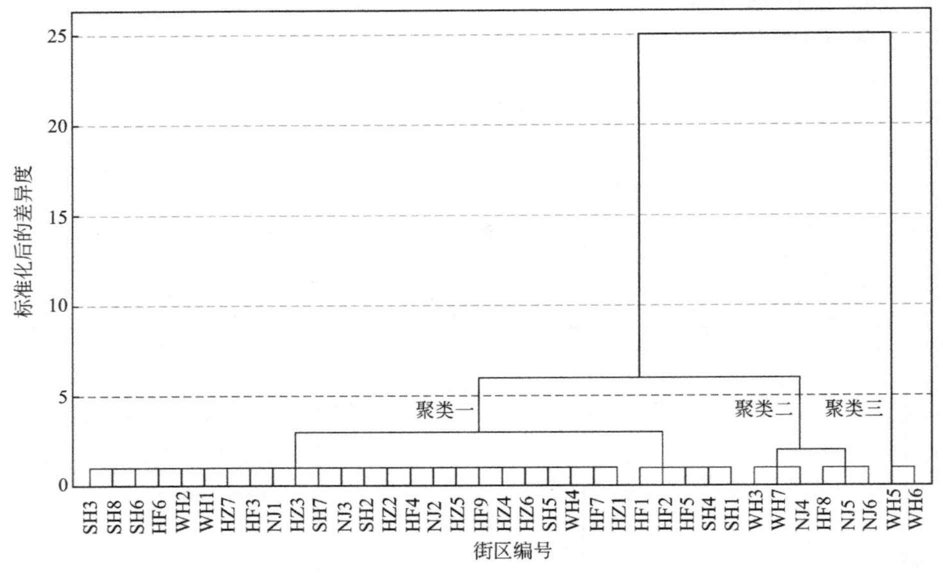

图 5.2-2　街区按照硬质地表率的系统聚类分析

其中，硬质地表率较低的街区有 2 个，硬质地表率分别为 24.2%、30.2%，对应着聚类三；硬质地表率中等的街区有 6 个，硬质地表率为 50.3%～61.9%，对应着聚类二；硬质地表率较高的街区有 29 个，硬质地表率为 66.1%～92.0%，对应着聚类一。此外，从不同硬质地表覆盖程度所包含的街区来看，该聚类结果与按照绿色空间进行聚类分析具有较高的相似度，说明街区灰、绿空间具有较高的相关性。

表 5.2-1 显示了不同硬质地表覆盖程度的街区中 $PM_{2.5}$ 浓度的差异，所有对比组的单因素方差分析均通过了方差齐性检验。在整体污染水平下，$PM_{2.5}$ 浓度在硬质地表率中等街区与硬质地表率较高街区间存在显著差异，平均差值为 $-5.056\mu g/m^3$，说明硬质地表率较低的街区 $PM_{2.5}$ 浓度相对较低，而 $PM_{2.5}$ 浓度在硬质地表率较低与中等、较高街区间存在差异，但差异均不显著，反映了该

现象的不稳定性。在不同污染程度下，不同硬质地表率街区的 $PM_{2.5}$ 浓度差异呈现出不同的规律。其中，在 $PM_{2.5}$ 污染水平为优、良时，表现出与整体污染水平一致的规律；在轻度污染时，硬质地表率较低与较高的街区之间的 $PM_{2.5}$ 浓度差异也变得显著；而在中度污染时，各组间的 $PM_{2.5}$ 浓度差异均不显著；重度污染时，虽然硬质地表率较低与中等的街区 $PM_{2.5}$ 浓度差异显著，却显示出硬质地表率较低的街区 $PM_{2.5}$ 浓度较高，或许是由于污染严重时的外界环境偶然因素导致街区的 $PM_{2.5}$ 浓度异于常态。此外，在差异显著的同一对比组中，其 $PM_{2.5}$ 浓度平均差值随污染程度的增加而增加，这与不同绿化覆盖程度街区 $PM_{2.5}$ 浓度差异的结果相似。

不同硬质地表覆盖程度的街区 $PM_{2.5}$ 浓度差异　　表 5.2-1

硬质地表率		$PM_{2.5}$ 浓度					
		整体	优	良	轻度污染	中度污染	重度污染
低	中	1.017	0.583	0.767	−2.867	−0.771	25.413*
	高	−4.040	−1.862	−3.047	−11.829*	−3.159	9.724
中	低	−1.017	−0.583	−0.767	2.867	0.771	−25.413*
	高	−5.056**	−2.445*	−3.813**	−8.962*	−2.388	−15.688*
高	低	4.040	1.862	3.047	11.829*	3.159	−9.724
	中	5.056**	2.445*	3.813**	8.962*	2.388	15.688*

注："*""**"分别表示多重比较的显著性水平为5%、1%。

5.2.3　硬质地表率对 $PM_{2.5}$ 浓度的影响

1. 硬质地表率与 $PM_{2.5}$ 浓度的相关性

表 5.2-2 显示了不同街区尺度下的硬质地表率与 $PM_{2.5}$ 浓度之间的相关性。整体来看，硬质地表率基本上均与 $PM_{2.5}$ 浓度呈正相关关系，说明街区灰色空间对 $PM_{2.5}$ 有消极作用，街区的硬质地表率越高的街区，$PM_{2.5}$ 浓度往往也越高。

在 1000m×1000m 的街区尺度，整体污染水平下，硬质地表率与 $PM_{2.5}$ 浓度呈显著负相关（r=0.465），随着污染程度的增加，硬质地表率与 $PM_{2.5}$ 浓度的相关性先增加后减弱，在轻度污染时相关性最强（r=0.470），而在中度、重度污染时相关性急剧下降，且均不显著，仍保持着正相关关系。

为了进一步揭示不同大小的街区硬质地表率影响 $PM_{2.5}$ 浓度的能力是否有差异，下面通过分析不同街区尺度的硬质地表率与 $PM_{2.5}$ 浓度的相关性变化规律和特征，以利于规划中确定适宜管控的街区尺度。如表 5.2-2 所示，随着街区尺度的减小，整体污染水平的硬质地表率与 $PM_{2.5}$ 浓度的相关性逐渐减弱，在 200m×200m 的街区尺度相关性不显著。随着污染程度的增加，硬质地表率与中度、重度污染的 $PM_{2.5}$ 浓度均不显著相关，且均在 200m×200m 的街区尺度无显著相关，但基本仍保持着正相关关系。对于优、良与轻度污染，首先，硬质地表率与 $PM_{2.5}$ 浓度的相关性都逐渐下降，仅轻度污染在 200m×200m 街区尺度时仍显著相关，说明 1000m×1000m 是硬质地表率影响 $PM_{2.5}$ 浓度的重要街区尺度；其次，不论在哪种街区尺度，硬质地表率与 $PM_{2.5}$ 浓度的相关性均随污染程度的增加而增加，在轻度污染时达到最高，体现了硬质地表率对 $PM_{2.5}$ 污染程度影响的差异性。但当污染水平超过中度污染时，硬质地表率起到的作用便减弱。

不同街区尺度下的硬质地表率与 $PM_{2.5}$ 浓度之间的相关性　　表 5.2-2

街区尺度	$PM_{2.5}$ 浓度					
	整体	优	良	轻度污染	中度污染	重度污染
1000m×1000m	0.465**	0.441**	0.454**	0.470**	0.125	0.088
800m×800m	0.446**	0.416*	0.421**	0.470**	0.142	0.051
600m×600m	0.426**	0.404*	0.405*	0.436**	0.185	0.004
400m×400m	0.396*	0.381*	0.380*	0.413*	0.142	−0.015
200m×200m	0.245	0.218	0.219	0.337*	−0.019	−0.033

注："*""**"分别表示在5%、1%水平显著相关（双侧检验）。

硬质地表作为街区中最广泛存在的空间要素之一，对 $PM_{2.5}$ 产生显著的影响，尤其是污染稍显突出时，影响更显著。Fan 等以北京的 18 个居住区为例，以居住区外的对照点与内部的测量点之间的 $PM_{2.5}$ 差值作为居住区地表景观对 $PM_{2.5}$ 的影响值，发现路面所占比例在夏季时与 $PM_{2.5}$ 浓度差值几近负相关，在冬季时也呈负相关的趋势，但相关不显著。这与本研究的结果相似，均得出污染较严重时（冬季）硬质地表对 $PM_{2.5}$ 有微弱作用的结论。由于硬质地表包含了道路以及不同三维空间形态的建筑，不同街区的道路与建筑所占比例不同，建筑形态也不同，因此需要进行进一步的分析。此外，与绿化覆盖率相比，硬质地表率与 $PM_{2.5}$ 浓度的相关性偏低，或许是由于硬质地表仅能影响 $PM_{2.5}$ 在街区中的扩散，而不具有类似绿色空间的主动吸附作用。

为了更直观地体现上述相关性分析的结果，下面结合图 5.2-2 的聚类分析，筛选出灰色空间规模较大、中等与较小的街区类型，进行进一步的探讨（图 5.2-3）。图中灰色覆盖区域即为硬质地表。其中，硬质地表率较低的街区为武汉的 WH5（30.2%，该值为 1000m×1000m 尺度的街区硬质地表率，下同），硬质地表率中等的街区为南京的 NJ4（51.0%），硬质地表率较高的街区为南京的 NJ1（80.1%），这三类街区的灰色空间覆盖形成较显著的差异。硬质地表率较低的街区 WH5，其硬质地表主要分布在街区的一侧，另一侧存在较大规模的绿色空间，从而减小了硬质地表覆盖的可能。在 37 个街区中，不同污染程度下，WH5 的

$PM_{2.5}$ 浓度在不同街区中的污染水平呈现出一定浮动，但基本处于较低水平，是武汉 $PM_{2.5}$ 浓度最低的街区。硬质地表率中等的街区 NJ4 属于教育科研用地，校园中绿化品质高，存在较多绿地，加上较低的建筑密度，因此整体的硬质地表面积并不高。NJ4 是不同污染程度下 37 个街区中 $PM_{2.5}$ 污染水平最低的街区，在较低的硬质地表率基础上，其构成的主要要素还包括较大比例的硬质广场、操场等区别于产生 $PM_{2.5}$ 的主要空间载体——道路，因此该街区的 $PM_{2.5}$ 浓度较低。硬质地表率较高的街区 NJ1 主要为低层高密度的居住用地，除了道路绿带及居住附属绿地，基本上为道路与建筑构成的硬质地表。NJ1 的 $PM_{2.5}$ 污染水平属于南京最高，虽然它在重度污染时的 $PM_{2.5}$ 浓度有所下降，但仍然处在较高的污染水平。总体来说，对于高硬质地表率的街区，其 $PM_{2.5}$ 浓度往往也越高，街区 $PM_{2.5}$ 浓度虽然仍受其他诸多因素影响，但硬质地表率是最能衡量街区灰色空间规模的一项重要指标，是一个关键的因素。

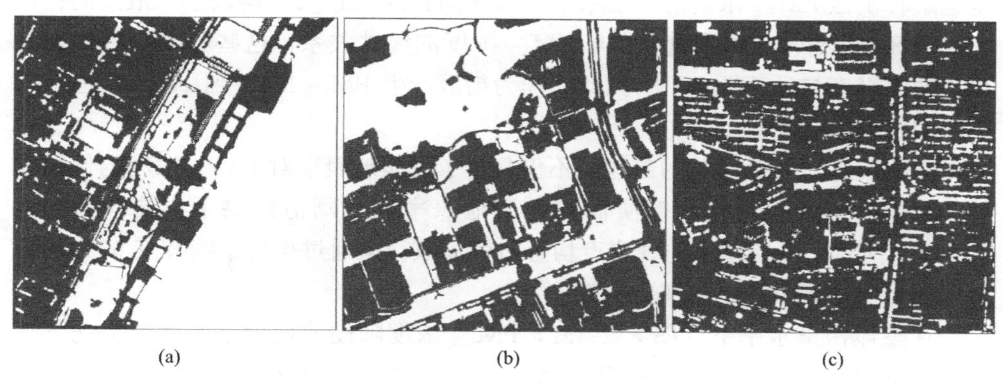

(a)　　(b)　　(c)

图 5.2-3　硬质地表率较高与较低的街区对比

(a) 街区 WH5；(b) 街区 NJ4；(c) 街区 NJ1

2. 硬质地表率与 $PM_{2.5}$ 浓度的回归分析

为了更深入地分析街区硬质地表率如何影响 $PM_{2.5}$，以提供合理的街区灰色空间调控策略，下面以 1000m×1000mm 街区为例，通过非线性回归分析得到拟合度、显著性最高的拟合曲线。由于中度、重度污染时，硬质地表率对 $PM_{2.5}$ 的影响不显著，而非线性回归分析也表明它们的回归模型 P 值大于 0.05，未通过显著性检验，因此仅对优、良、轻度污染及整体污染水平四种情况展开分析。

在众多非线性回归分析中，二次函数与指数函数是两个拟合度相对最优的函数类型，分别对应着不同污染程度的不同模型（表 5.2-3）。

不同污染程度 $PM_{2.5}$ 浓度与硬质地表率的相对最优拟合函数　　表 5.2-3

$PM_{2.5}$	函数	P	F 值	Adj_R^2	系数		
					常量 a	解释变量 b	解释变量 c
整体	二次	0.004	6.481	0.233	61.764	−24.675	30.779
优	二次	0.002	7.593	0.268	27.221	−24.319	26.045
良	二次	0.004	6.473	0.233	56.336	−22.608	26.835
轻度污染	指数	0.003	10.502	0.209	72.105	0.296	—

由表 5.2-3 可知，各污染程度下的 $PM_{2.5}$ 浓度与硬质地表率的相对最优拟合函数较稳定，在整体污染水平及 $PM_{2.5}$ 污染为优、良时，相对最优拟合函数为二次函数；在轻度污染时，相对最优拟合函数为指数函数。这些函数均通过了显著性检验（$P<0.05$），由于仅硬质地表率一个因子用于回归模型分析，不足以完全地解释街区 $PM_{2.5}$ 浓度的污染水平，因此函数的 Adj _ R^2 均较小，最大的也仅为 0.268。但相较于硬质地表率与 $PM_{2.5}$ 浓度的线性关系，这些非线性函数拥有更高的解释度与显著性水平。因此，作为街区产生 $PM_{2.5}$ 的重要因素，灰色空间的规模仍需引起注意。

本研究通过拟合曲线的走势，不仅分析了硬质地表率对 $PM_{2.5}$ 浓度的作用规律，也为后续空间优化调控所需的硬质地表率合理阈值提供了重要参考。如图 5.2-4 所示，不同模型的观测点均分布较零散，但通过拟合曲线及其 95%的置信区间，可估测 $PM_{2.5}$ 的变化趋势。

在整体污染水平下（图 5.2-4a），$PM_{2.5}$ 浓度随硬质地表率的增加呈先下降后上升的趋势，转折点约在硬质地表率为 40%处。虽然硬质地表率低于 40%时，$PM_{2.5}$ 浓度随其增加有下降的趋势，但下降的斜率及幅度较平缓，硬质地表率所起的作用较小。硬质地表率由 20%增加至 40%时，$PM_{2.5}$ 浓度仅下降约 2.1%；硬质地表率提高 10%，仅使 $PM_{2.5}$ 浓度下降约 1%。当硬质地表率大于 40%时，$PM_{2.5}$ 浓度随其增加而上升，尤其当硬质地表率超过 60%以后，其上升斜率与幅度均明显增大，更加促进 $PM_{2.5}$ 浓度的增长。街区的硬质地表率普遍高于 60%，当硬质地表率由 60%增加至 70%时，$PM_{2.5}$ 浓度就可上升约 2.6%。

对于 $PM_{2.5}$ 的不同污染程度，优、良状态下的 $PM_{2.5}$ 浓度随硬质地表率的变化同整体污染水平呈现相似的规律（图 5.2-4b、图 5.2-4c）；而轻度污染时，$PM_{2.5}$ 浓度随硬质地表率的增加基本呈直线上升趋势（图 5.2-4d）。对比各污染程度拟合曲线的上升斜率可发现，随着污染程度的增加，同等比例地提升硬质地表率，$PM_{2.5}$ 浓度的上升率也随之增加，说明当环境中的 $PM_{2.5}$ 浓度相对较高时，灰色空间促进 $PM_{2.5}$ 增长的作用越显著。其中，当 $PM_{2.5}$ 污染由优转至良

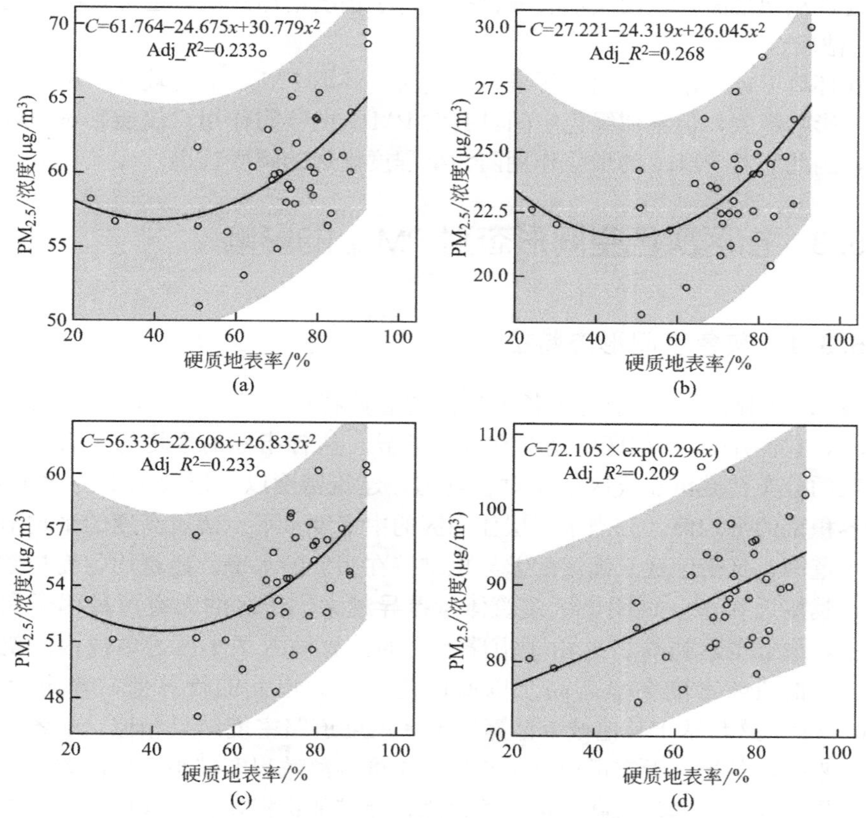

图 5.2-4　不同污染程度硬质地表率与 $PM_{2.5}$ 浓度的曲线拟合

(a) 整体污染水平；(b) 空气质量“优”；(c) 空气质量“良”；(d) 轻度污染

时，提升同等硬质地表率导致的 $PM_{2.5}$ 浓度上升差异尚小，但 $PM_{2.5}$ 污染从良转至轻度污染时，$PM_{2.5}$ 浓度上升的差异显著变大。

同样，硬质地表率对 $PM_{2.5}$ 的影响也呈非线性，存在硬质地表覆盖程度与环境 $PM_{2.5}$ 浓度的差异。

在硬质地表覆盖程度方面，由于其构成要素包括路面、建筑、操场等，其对 $PM_{2.5}$ 具有复杂的影响作用。一方面，随着硬质地表率增加至较高值时，建筑往往受到建筑密度、容积率等制约而增加有限，因此主要增加的要素为以道路为主的硬化路面，这在一定程度上增加了街区的交通流量，从而促进了汽车尾气排放，导致 $PM_{2.5}$ 浓度增加。另一方面，街区的灰、绿空间规模紧密关联，硬质地表与 $PM_{2.5}$ 浓度的关系会受到绿色空间的间接作用。随着硬质地表率的增加，绿化覆盖率一般降低，在硬质地表覆盖程度较高的时候，绿化覆盖程度较低。根据前文分析可知，在低绿化覆盖时，小幅度增加绿化面积，可较明显地降低 $PM_{2.5}$

的浓度，从而推断，在硬质地表率较高时，小幅度增加其值，也可较明显地提升 $PM_{2.5}$ 浓度。

在环境 $PM_{2.5}$ 浓度方面，污染越严重时，环境 $PM_{2.5}$ 浓度较高，尽管硬质地表对其影响越大，但不似绿色空间具有对 $PM_{2.5}$ 的吸附作用，仅能影响 $PM_{2.5}$ 的扩散，因此它对 $PM_{2.5}$ 的增强作用随污染程度增加的幅度较小。

5.3 街区灰色空间形态对 $PM_{2.5}$ 的影响

5.3.1 灰色空间形态特征

表 5.3-1 显示了 37 个街区各个指标的总体特征。从各指标的最小值与最大值来看，它们在 37 个街区中均存在较大差异。从各指标的平均值来看，由于研究街区的分布在城市建成区中相对较均匀，建筑密度以 9 层及以下的建筑为主，结合容积率的平均值，相当于多层住宅区的中密度水平。建筑高度的平均值亦符合这个范围，且街区建筑高度的差异也维持在相似的水平。建筑均匀度指数整体较小，越接近 0.05，说明街区建筑体量差异越大。街区的天空可视因子属于中等水平，最低也达到 0.27。由于道路密度的计算纳入了小区、单位内的机动车道，街区的道路密度会显著高于以城市建成区为单元的计算值，普遍为 20～30km/km^2，这与基于其他城市计算的街区尺度道路密度结果相似。从各指标的标准差来看，各街区天空可视因子与道路密度的离散程度较小，标准差低于最小值，平均建筑高度、建筑高度标准差次之，而其他指标在各街区中均存在较大的离散程度。

灰色空间指标的统计分析　　表 5.3-1

指标	单位	最小值	最大值	平均值	标准差
建筑密度	%	4.86	41.31	21.87	8.29
建筑密度(1～3 层)	%	1.56	37.87	8.77	6.86
建筑密度(4～9 层)	%	1.19	32.60	10.67	6.54
建筑密度(10 层以上)	%	0.08	7.20	2.43	1.88
容积率	—	0.17	2.33	1.24	0.55
平均建筑高度	m	6.41	42.41	16.14	7.00
建筑高度标准差	m	5.60	35.57	13.74	6.74
建筑均匀度指数	—	0.003	0.050	0.014	0.008
天空可视因子	—	0.27	0.95	0.56	0.15
道路密度	km/km^2	9.52	32.47	20.41	5.14

以上选取的七类灰色空间形态指标反映了灰色空间的密度（建筑密度、道路密度）、强度（容积率）、三维形态（平均建筑高度、建筑高度标准差）、空间布局（建筑均匀度指数、天空可视因子）等多种维度的建成环境空间特征。

1. 密度类指标特征

由于城市发展水平的相似性，37 个街区样本在 5 个城市中的建筑密度也相差不大，建筑密度最大值位于 SH4，主要由传统高密度的里弄构成；建筑密度最小值位于 WH6，是由于受到街区中较大规模公园绿地的制约而密度较低。在不同层数的建筑密度中，1～3 层与 4～9 层构成了绝大部分的建筑密度，与建筑密度呈现出相似的空间分布特征；而 10 层以上建筑密度的比例均较小。道路密度较低，主要包括低层高密度的老街区及以科研教育用地为主的街区，其余街区的道路密度基本维持在 $20km/km^2$ 上下。

2. 强度类指标特征

5 个城市中，上海街区的容积率明显高于其他城市，其他城市街区的容积率则较为接近。同样地，容积率较低的街区仍为老街区或以教育科研用地为主的街区。

3. 三维形态类指标特征

平均建筑高度与建筑高度标准差具有相似的空间分布特征，平均建筑高度越高的街区，其高度的差异化也越大。其中，建筑高度在 HF7 中尤为突出，主要是因为合肥在近年来的环湖新城建设中增加了该片区的建筑高度。

4. 空间布局类指标特征

在街区灰色空间的空间布局类指标中，建筑均匀度指数与天空可视因子有着相反的分布趋势，说明建筑分布越不均匀，街区的开阔程度往往越小。建筑均匀度指数较大的街区往往混合了商业、居住用地，较大体量的商业建筑增加了街区的建筑均匀度指数。武汉的天空可视因子普遍较大，主要受其城市丰富的自然资源的影响，城市点形成的街区往往也容纳了一部分公园绿地、湖泊等开放空间，增大了其街区的开阔度。

5.3.2　灰色空间形态对 $PM_{2.5}$ 相对指标的影响

下面基于七类灰色空间形态指标以及三个气象因子构成的解释变量，分析它们对 $PM_{2.5}$ 相对指标（被解释变量）的影响。通过逐步回归深入分析影响，其中，Adj_R^2 为调整后的 R^2，考虑了样本量与解释变量数量对模型解释度的影响，能反映回归模型中解释变量对 $PM_{2.5}$ 相对指标的解释程度；β 为非标准化系数，其值的正负表示解释变量对 $PM_{2.5}$ 相对指标的影响方式；β' 为标准化系数，衡量不同解释变量对 $PM_{2.5}$ 相对指标的贡献程度；方差膨胀因子 VIF 用于判断不同解释变量之间的共线性程度，其值小于 10 时，说明解释变量不存在共线性。

1. $PM_{2.5}$ 增长类指标分析

表 5.3-2 显示了不同污染程度时灰色空间形态指标对 $PM_{2.5}$ 增长类指标的影响，共涉及 12 个回归模型。不同模型纳入的解释变量不同，说明灰色空间形态及气象因子对 $PM_{2.5}$ 增长的影响较为复杂，且存在污染程度的差异。其中，气象因子普遍拥有较高的 β'，因此对 $PM_{2.5}$ 增长的影响相对强于灰色空间形态指标。由不同模型的 $\mathrm{Adj\_}R^2$ 可知，这些解释变量在整体污染水平时对 $PM_{2.5}$ 增长的解释度较弱，仅为 9.5%～30.1%，而随着污染程度的增加，可共同解释较多的 $PM_{2.5}$ 浓度增长变化，尤其在中度、重度污染时，可解释 $PM_{2.5}$ 浓度增长变化的 29.7%～77.1%。通过方差膨胀因子 VIF 可知，除了中度污染的 $\Delta t_{\uparrow}$ 模型中，温度与风速有着明显的共线性问题，其余纳入回归模型的解释变量均不存在共线性问题。

1）灰色空间形态对 $PM_{2.5}$ 增长变化的影响方式

如表 5.3-2 所示，在七类灰色空间形态指标中，除道路密度以外，其余指标均显著影响 $PM_{2.5}$ 的增长，被纳入不同的回归模型。（1）在整体污染水平下，显著影响 $PM_{2.5}$ 增长的均为气象因子。（2）在轻度污染时，$\Delta t_{\uparrow}$ 与平均建筑高度显著相关，平均建筑高度的 β 为正值，说明建筑平均高度越高，$PM_{2.5}$ 浓度的增长时长越长。$C_{\wedge}$ 与平均建筑高度、建筑高度标准差显著相关，平均建筑高度的 β 为负值，建筑高度标准差的 β 为正值，说明街区建筑平均高度越高、差异越小，$PM_{2.5}$ 浓度的增长速率越慢。（3）在中度污染时，$C_{\uparrow}$ 与容积率、天空可视因子显著正相关，与平均建筑高度显著负相关，说明街区容积率、开阔度越高，建筑高度越低，$PM_{2.5}$ 浓度增长幅度越大。而街区较高的开阔度，也增加了 $PM_{2.5}$ 的增长时长。建筑高度标准差对 $C_{\wedge}$ 的影响方式却与轻度污染时相反，反映出它对 $PM_{2.5}$ 增长速率影响的不稳定性。（4）在重度污染时，仅 $C_{\wedge}$ 分别与建筑密度（1～3 层）、建筑均匀度指数呈显著正、负相关，说明街区中 3 层及以下建筑密度越低、建筑体量差异越大，$PM_{2.5}$ 浓度的增长速率越慢。因此，街区较低的容积率、建筑密度，较高的建筑高度与建筑体量的不均衡度，有利于减缓 $PM_{2.5}$ 的增长，而建筑高度差异性、街区开阔度的作用较复杂，具有双面性。

2）灰色空间形态对 $PM_{2.5}$ 增长变化的影响强度

本研究在多元回归分析的基础上，选择对 $PM_{2.5}$ 增长变化具有显著影响的指标，通过偏相关分析得到各个灰色空间形态指标对 $PM_{2.5}$ 增长变化的影响强度。

$PM_{2.5}$ 浓度增长类指标与灰色空间形态指标、气象因子的逐步回归分析　　表 5.3-2

污染程度	$C_{\uparrow}$				$\Delta t_{\uparrow}$				$C_{\wedge}$			
	变量	β	β'	VIF	变量	β	β'	VIF	变量	β	β'	VIF
整体污染	相对湿度	3.925**	0.765	1.739	相对湿度	7.863**	0.566	1.000	风速	−0.031*	−0.347	1.000
	风速	−0.114**	−0.469	1.739	常量	2.145	—	—	常量	0.257**	—	—
	常量	−0.210	—	—	Adj _R^2=0.301，F=16.533，P=0.000				Adj _R^2=0.095，F=4.784，P=0.035			
	Adj _R^2=0.298，F=8.648，P=0.001											
轻度污染	温度	−0.126**	−0.453	1.272	相对湿度	0.033**	0.425	1.000	平均建筑高度	−0.004*	−0.780	5.718
	风速	−0.565**	−0.574	1.272	常量	6.744**	—	—	建筑高度标准差	0.004*	0.829	5.704
	常量	3.684**	—	—	Adj _R^2=0.157，F=7.700，P=0.009				常量	−0.048*	—	—
	Adj _R^2=0.253，F=7.090，P=0.003								Adj _R^2=0.252，F=5.038，P=0.006			
中度污染	容积率	0.430*	0.459	7.562	天空可视因子	4.543**	0.342	1.459	建筑高度标准差	−0.002**	−0.338	1.095
	平均建筑高度	−0.019*	−0.255	1.632	温度	−3.773**	−2.787	19.309	相对湿度	0.469**	0.566	3.478
	天空可视因子	1.562*	0.457	6.016	相对湿度	44.577**	1.105	3.576	风速	0.095**	1.211	3.441
	温度	−0.590**	−1.694	4.543	风速	−7.510**	−1.964	18.237	常量	−0.278*	—	—
	相对湿度	14.789**	1.423	3.765	常量	25.247**	—	—	Adj _R^2=0.647，F=22.974，P=0.000			
	常量	−4.307**	—	—	Adj _R^2=0.699，F=21.855，P=0.000							
	Adj _R^2=0.771，F=25.227，P=0.000											
重度污染	相对湿度	18.848**	0.994	1.580	相对湿度	38.698**	0.981	1.580	建筑密度（1～3层）	0.765**	0.644	2.102
	风速	2.853**	0.909	1.580	风速	3.353**	0.513	1.580	建筑均匀度指数	−5.672**	−0.590	2.095
	常量	−17.150**	—	—	常量	−27.143**	—	—	温度	−0.045**	−0.413	1.006
	Adj _R^2=0.704，F=43.764，P=0.000				Adj _R^2=0.593，F=27.173，P=0.000				常量	0.726**	—	—
									Adj _R^2=0.297，F=6.068，P=0.002			

注：“*”“**”表示常量或解释变量分别通过5%、1%水平的显著性检验。

六类灰色空间形态指标显著影响 $PM_{2.5}$ 的增长变化（图 5.3-1），依据图中所示的回归方程，可计算各个灰色空间形态指标对 $PM_{2.5}$ 增长变化的影响强度。其中，第一，三类灰色空间形态指标显著影响 $C_{\uparrow}$。$C_{\uparrow}$ 随容积率、天空可视因子的增加而增加，容积率每增加 0.5，$C_{\uparrow}$ 可提升约 22%，天空可视因子每增加 0.1，$C_{\uparrow}$ 可提升约 16%。$C_{\uparrow}$ 随平均建筑高度的增加而降低，平均建筑高度每增加 10m，$C_{\uparrow}$ 可下降约 19%。第二，两类灰色空间形态指标显著影响 $\Delta t_{\uparrow}$。$\Delta t_{\uparrow}$ 随平均建筑高度、天空可视因子的增加而增加，平均建筑高度每增加 10m，$\Delta t_{\uparrow}$ 可提升约 0.3h；天空可视因子每增加 0.1，$\Delta t_{\uparrow}$ 可提升约 0.5h。第三，四类灰色空间形态指标显著影响 $C_{\wedge}$，$C_{\wedge}$ 随建筑密度（1～3 层）的增加而增加，建筑密度（1～3 层）每增加 10%，$C_{\wedge}$ 可提升约 8%/h。$C_{\wedge}$ 随平均建筑高度、建筑均匀度指数的增加而降低，平均建筑高度每增加 10m，$C_{\wedge}$ 可下降约 5%/h；建筑均匀度指数每增加 0.01，$C_{\wedge}$ 可下降约 6%/h。而随建筑高度标准差的增加，$C_{\wedge}$ 的变化在不同污染程度不一致，在轻度污染时，$C_{\wedge}$ 随建筑高度标准差的增加而增加，建筑高度标准差每增加 10m，$C_{\wedge}$ 可增加约 5%/h；在中度污染时，$C_{\wedge}$ 随建筑高度标准差的增加而降低，建筑高度标准差每增加 10m，$C_{\wedge}$ 可下降约 2%/h，说明建筑高度标准差的影响强度在轻度污染时高于中度污染。

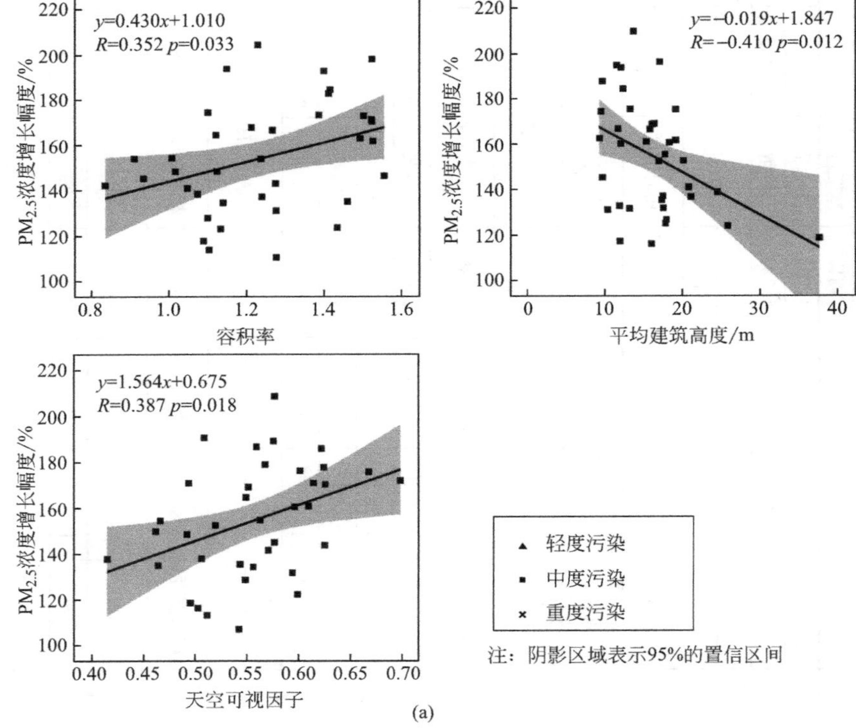

图 5.3-1　$PM_{2.5}$ 浓度增长类指标与灰色空间形态指标的偏相关散点图

（a）$PM_{2.5}$ 浓度增长幅度与灰色空间形态指标的关系

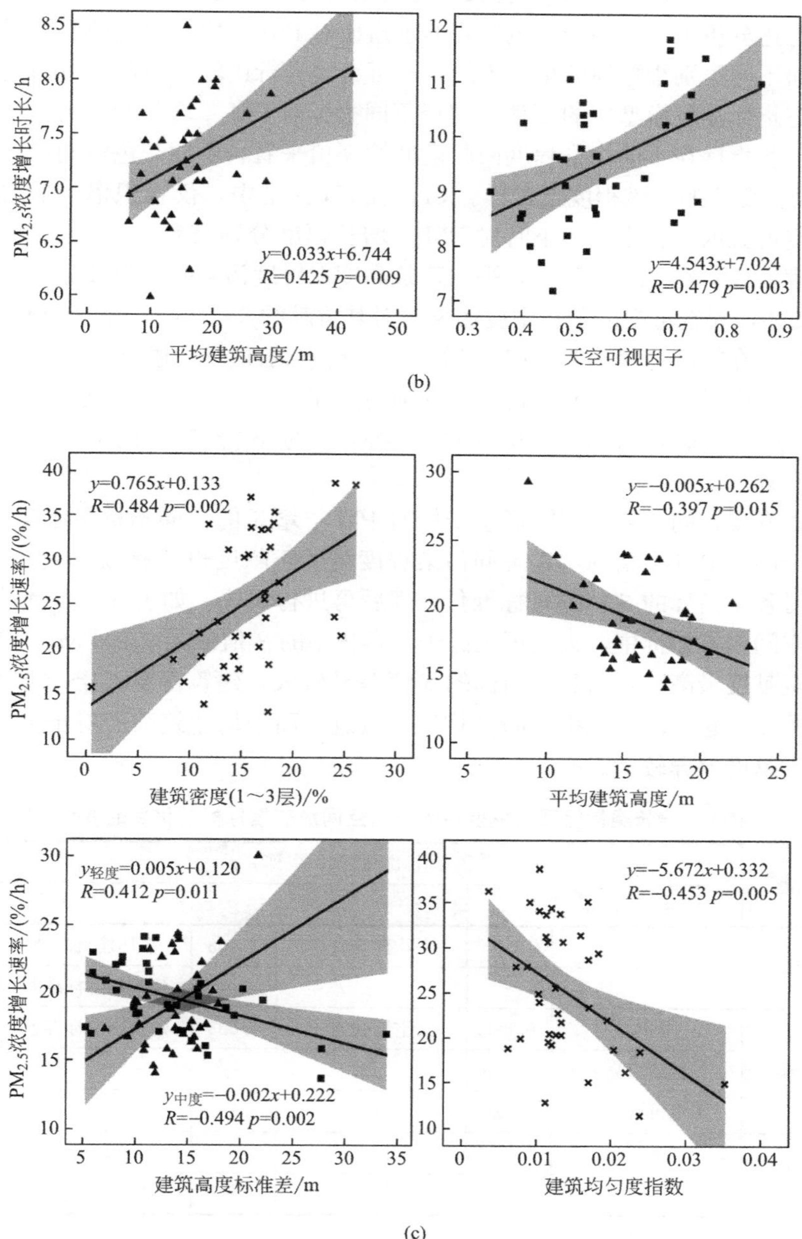

图 5.3-1　$PM_{2.5}$ 浓度增长类指标与灰色空间形态指标的偏相关散点图（续）

（b）$PM_{2.5}$ 浓度增长时长与灰色空间形态指标的关系；

（c）$PM_{2.5}$ 浓度增长速率与灰色空间形态指标的关系

3）灰色空间形态对 $PM_{2.5}$ 增长变化的相对贡献程度

由上述分析可知，不同灰色空间形态指标对 $PM_{2.5}$ 增长变化的影响强度不一致，然而不同类别指标间的量纲不同，不可直接进行比较。因此，可通过各灰色空间形态指标在各模型中的 β' 值，解释不同指标对 $PM_{2.5}$ 增长变化的贡献程度。

从这些指标在不同污染程度回归模型的 β' 值来看，不同灰色空间形态指标对 $PM_{2.5}$ 增长变化的贡献程度不一样。(1) 在 $C_{\uparrow}$ 模型中，仅容积率、平均建筑高度、天空可视因子在中度污染时对 $PM_{2.5}$ 增长幅度分别具有约 11%、6%、11% 的贡献度。(2) 在 $\Delta t_{\downarrow}$ 模型中，平均建筑高度在轻度污染时对 $PM_{2.5}$ 的增长时长贡献 100%，天空可视因子在中度污染时对其贡献约 6%。(3) 在 C_V 模型中，平均建筑高度在轻度污染时对 $PM_{2.5}$ 增长速率贡献约 48%，建筑高度标准差在轻度、中度污染时对其贡献差异较大，分别约为 52%、16%。建筑密度（1～3 层）及建筑均匀度指数在重度污染时对 $PM_{2.5}$ 的下降速率的贡献分别约为 39%、36%。

可以发现，同一灰色空间形态指标对 $PM_{2.5}$ 增长的不同指标贡献度不一致，即使对于同一 $PM_{2.5}$ 指标，在不同污染程度时的贡献度也具有较大差异，因此，本研究对各类指标的 β' 值进行标准化处理后再进行对比。如表 5.3-3 所示，在六类灰色空间形态指标中，天空可视因子、容积率的 β'' 值最大，对 $PM_{2.5}$ 增长幅度及时长贡献度最高，且与其余指标的 β'' 值差异较大，建筑密度（1～3 层）、建筑高度标准差、建筑均匀度指数的 β'' 均较为接近，而平均建筑高度对于不同 $PM_{2.5}$ 指标的贡献度差异较大。

$PM_{2.5}$ 增长类指标回归模型中的灰色空间形态指标标准化后的 β' 值 表 5.3-3

污染程度	标准化后的 β'（即 β''）					
	$C_{\uparrow}$		$\Delta t_{\uparrow}$		$C_{\wedge}$	
轻度污染	—	—	平均建筑高度	0.008	平均建筑高度	0.055
	—	—	—	—	建筑高度标准差	0.058
中度污染	容积率	0.086	天空可视因子	0.093	建筑高度标准差	0.031
	平均建筑高度	0.048	—	—	—	—
	天空可视因子	0.086	—	—	—	—
重度污染	—	—	—	—	建筑密度(1～3 层)	0.046
	—	—	—	—	建筑均匀度指数	0.043

2. $PM_{2.5}$ 降低类指标分析

表 5.3-4 显示了不同污染程度时灰色空间形态指标对 $PM_{2.5}$ 降低类指标的影响，涉及 11 个回归模型，仅在中度污染的 C_V 模型中，无任何显著因子纳入。不同模型纳入的解释变量不同，说明灰色空间形态及气象因子对 $PM_{2.5}$ 降低的影响

$PM_{2.5}$ 浓度降低类指标与灰色空间形态指标、气象因子的逐步回归分析　　**表 5.3-4**

污染程度	$C_{\downarrow}$				$\Delta t_{\downarrow}$				$C_{\vee}$			
	变量	β	β'	VIF	变量	β	β'	VIF	变量	β	β'	VIF
整体污染	温度	0.022**	0.562	1.739	平均建筑高度	−0.049*	−0.558	6.581	建筑密度（1～3层）	−0.111**	−0.624	3.725
	相对湿度	−0.736**	−0.881	1.739	建筑高度标准差	0.046*	0.499	6.295	建筑密度（4～9层）	−0.057*	−0.306	1.713
	常量	0.836**	—	—	天空可视因子	−1.048*	−0.255	1.590	建筑高度标准差	−0.001**	−0.351	1.579
	Adj_R^2=0.414，F=13.735，P=0.000				建筑均匀度指数	20.022**	1.313	5.150	建筑均匀度指数	0.583*	0.407	2.863
					相对湿度	1.233*	0.532	5.769	相对湿度	−0.522**	−1.733	5.794
					常量	−9.274**	—	—	风速	−0.053**	−1.161	6.685
					Adj_R^2=0.666，F=15.382，P=0.000				常量	0.586**	—	—
									Adj_R^2=0.698，F=14.864，P=0.000			
轻度污染	道路密度	−1.915*	−0.293	1.321	温度	0.227*	0.241	1.398	相对湿度	−0.711**	−2.037	6.819
	温度	0.016**	0.465	1.441	相对湿度	38.136**	1.903	7.496	风速	−0.093**	−1.601	6.819
	相对湿度	−0.637**	−0.852	1.559	风速	5.597**	1.682	6.865	常量	0.786**	—	—
	常量	3.684**	—	—	常量	−34.142**	—	—	Adj_R^2=0.669，F=37.375，P=0.000			
	Adj_R^2=0.436，F=10.271，P=0.000				Adj_R^2=0.678，F=26.277，P=0.000							

续表

污染程度	$C_{\downarrow}$				$\Delta t_{\downarrow}$				C_{V}			
	变量	β	β'	VIF	变量	β	β'	VIF	变量	β	β'	VIF
中度污染	温度	0.084**	2.483	19.185	天空可视因子	−3.406**	−0.468	1.151	—			
	相对湿度	−0.934**	−0.927	3.447	相对湿度	12.329**	0.559	1.151				
	风速	0.185**	1.943	17.872	常量	0.341						
	常量	0.094	—	—	Adj _R^2=0.303，F=8.828，P=0.001							
	Adj _R^2=0.496，F=12.821，P=0.000											
重度污染	温度	0.092**	0.889	1.975	温度	2.676**	0.735	1.975	建筑密度（4～9层）	0.180**	0.506	2.577
	风速	0.206**	0.577	1.975	风速	15.24**	1.212	1.975	容积率	−0.033**	−0.785	3.743
	常量	−0.773*	—	—	常量	−47.657**	—	—	温度	−0.021**	−0.687	3.723
	Adj _R^2=0.367，F=11.454，P=0.000				Adj _R^2=0.744，F=53.188，P=0.000				相对湿度	−0.540**	−0.834	3.005
									风速	−0.168**	−1.564	6.416
									常量	1.032**	—	—
									Adj _R^2=0.559，F=10.134，P=0.000			

注：“*”“**”表示常量或解释变量分别通过5%、1%水平的显著性检验。

较为复杂，且存在污染程度的差异。其中，气象因子普遍拥有较高的 β' 值，因此对 $PM_{2.5}$ 降低的影响相对强于灰色空间形态指标。由不同模型的 Adj_R^2 可知，这些解释变量可共同解释较多的 $PM_{2.5}$ 浓度降低变化，为 30.3%～74.4%。尤其是对 $PM_{2.5}$ 降低时长、速率的解释，不仅模型的 Adj_R^2 较高，且纳入更多的灰色空间形态指标。通过方差膨胀因子 VIF 可知，除了中度污染的 $C_{\downarrow}$ 模型中，温度与风速有着明显的共线性问题，其余纳入回归模型的解释变量均不存在共线性问题。

1）灰色空间形态对 $PM_{2.5}$ 降低变化的影响方式

如表 5.3-4 所示，灰色空间形态指标中，七类灰色空间形态指标均显著影响 $PM_{2.5}$ 的降低，被纳入不同的回归模型。(1) 在整体污染水平下，在 C_V 模型中，C_V 与建筑密度（1～3 层）、建筑密度（4～9 层）、建筑高度标准差、建筑均匀度指数显著相关。其中，建筑密度（1～3 层）、建筑密度（4～9 层）、建筑高度标准差的 β 为负值，说明 9 层及以下的建筑密度越高，街区中建筑高度的差异化越大，$PM_{2.5}$ 浓度的降低速率越慢；建筑均匀度指数的 β 为正值，说明建筑体量越不均衡，$PM_{2.5}$ 浓度的降低速率越快。$\Delta t_{\downarrow}$ 与平均建筑高度、建筑高度标准差、天空可视因子显著相关，街区中建筑平均高度越高，街区越开阔，$PM_{2.5}$ 浓度的下降时长越短，而建筑高度的差异越大，则 $PM_{2.5}$ 浓度下降时长越长。(2) 在不同污染程度下，C_V 仅在重度污染时与建筑密度（4～9 层）、容积率显著相关，由容积率的 β 负值可知，容积率越高，越不利于 $PM_{2.5}$ 的下降，而建筑密度（4～9 层）出现了相反的作用，反映出它对 $PM_{2.5}$ 浓度下降作用的不稳定性，或许与重污染时气象等外环境起更大作用有关。$\Delta t_{\downarrow}$ 也仅与天空可视因子显著负相关，表现出与整体污染时一致的作用。$C_{\downarrow}$ 仅与道路密度显著负相关，说明街区道路密度越高，$PM_{2.5}$ 浓度下降的幅度越小。因此，街区较低的容积率、较高的开阔度与建筑体量的不均衡度，有利于 $PM_{2.5}$ 的下降，而建筑密度、高度起到的作用较复杂。

2）灰色空间形态对 $PM_{2.5}$ 降低变化的影响强度

如图 5.3-2 所示，七类灰色空间形态指标显著影响 $PM_{2.5}$ 的降低变化，下面同样基于回归方程计算各个灰色空间形态指标对 $PM_{2.5}$ 降低变化的影响强度。

其中，第一，道路密度显著影响 $C_{\downarrow}$，$C_{\downarrow}$ 随道路密度的增加而降低，道路密度每增加 $10km/km^2$，$C_{\downarrow}$ 仅下降约 2%，影响强度较弱。第二，三类灰色空间形态指标显著影响 $\Delta t_{\downarrow}$。$\Delta t_{\downarrow}$ 随平均建筑高度、天空可视因子的增加而降低，平均建筑高度每增加 10m，$\Delta t_{\downarrow}$ 可提升约 0.5h，天空可视因子每增加 0.1，$\Delta t_{\downarrow}$ 在整体污染水平可提升约 0.1h，在轻度污染时，可提升约 0.3h。$\Delta t_{\downarrow}$ 随建筑高度标准差的增加而增加，建筑高度标准差每增加 10m，$\Delta t_{\downarrow}$ 可增加约 0.5h。第三，四

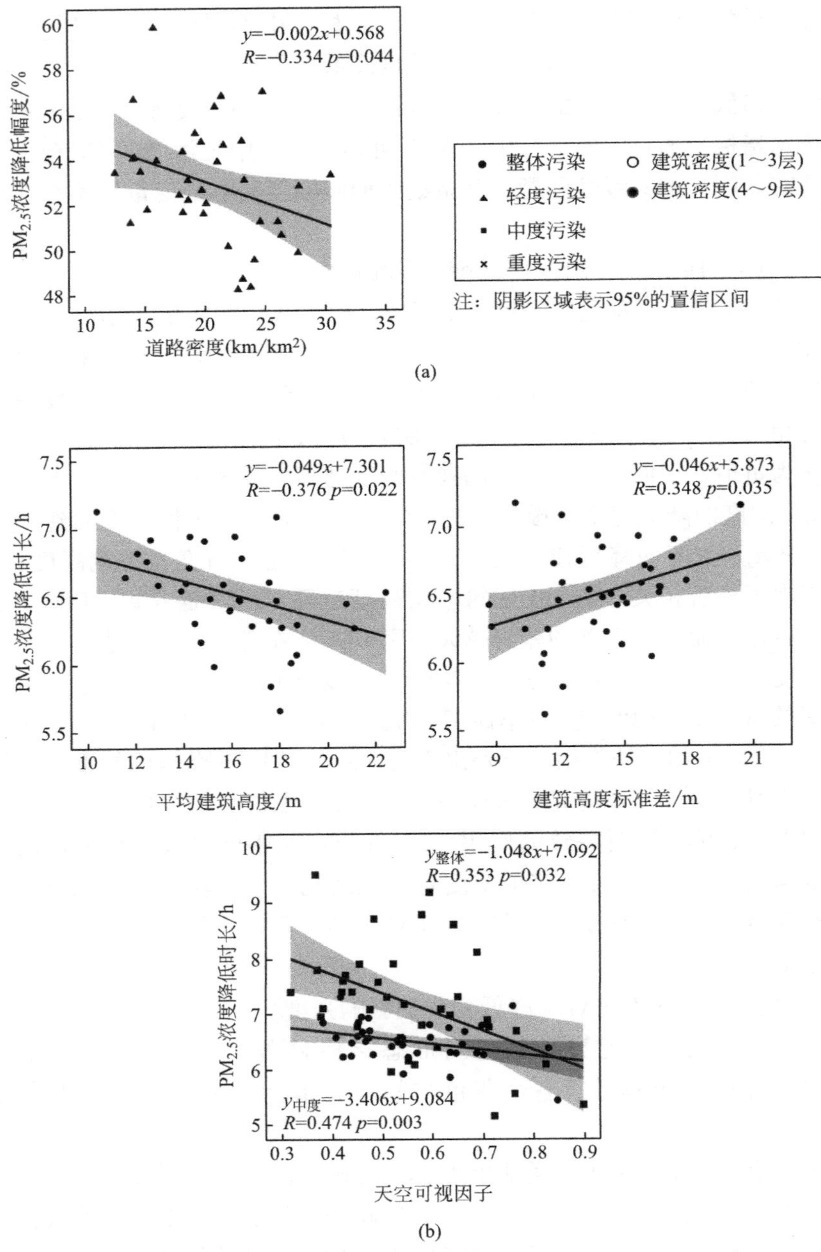

图 5.3-2 $PM_{2.5}$ 浓度降低类指标与灰色空间形态指标的偏相关散点图

（a）$PM_{2.5}$ 浓度降低幅度与灰色空间形态指标的关系；

（b）$PM_{2.5}$ 浓度降低时长与灰色空间形态指标的关系

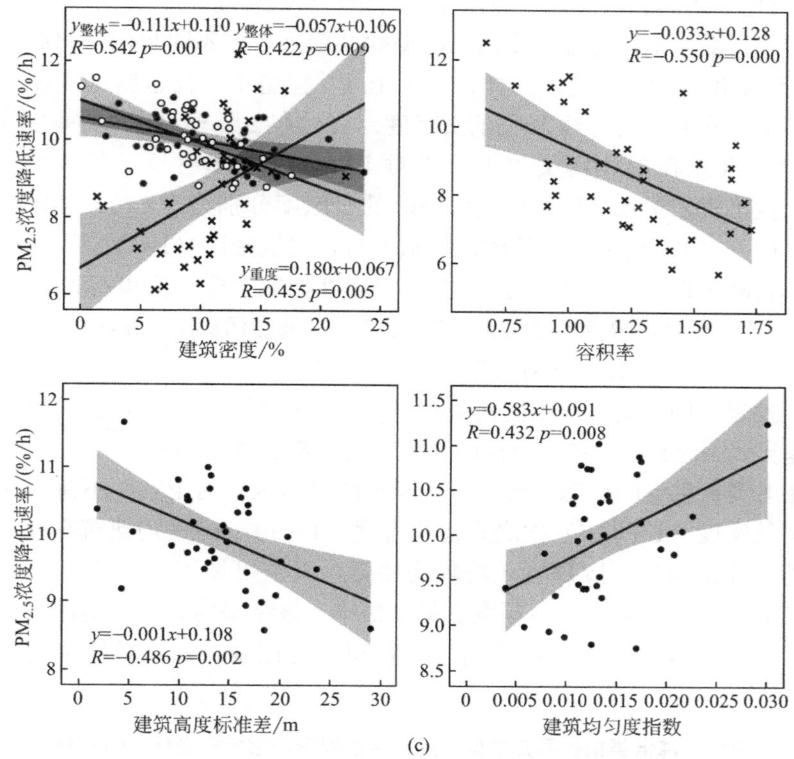

图 5.3-2　$PM_{2.5}$ 浓度降低类指标与灰色空间形态指标的偏相关散点图（续）
（c）$PM_{2.5}$ 浓度降低速率与灰色空间形态指标的关系

类灰色空间形态指标显著影响 C_V，C_V 随 BD_1、容积率、建筑高度标准差的增加而降低，建筑密度（1～3 层）每增加 10%，C_V 可降低约 1%/h；容积率每增加 0.5，C_V 可降低约 2%/h；建筑高度标准差每增加 10m，C_V 可降低约 1%/h。C_V 随建筑均匀度指数的增加而增加，建筑均匀度指数每增加 0.01，C_V 可下降约 0.6%/h。而随建筑密度（4～9 层）的增加，C_V 的变化在不同污染程度不一致，在整体污染水平时，C_V 随建筑密度（4～9 层）的增加而降低，建筑密度（4～9 层）每增加 10%，C_V 可降低约 0.6%/h；在重度污染时，C_V 随建筑密度（4～9 层）的增加而增加，建筑密度（4～9 层）每增加 10%，C_V 可增加约 2%/h。

同样地，在同类别指标中，平均建筑高度与建筑高度标准差对同一 $PM_{2.5}$ 相对指标具有相近的影响强度，在整体污染水平下，二者对 $\Delta t_{\downarrow}$ 的影响方式虽然相反，但影响强度一致，增加 10m 的平均建筑高度、建筑高度标准差，均可降低或提升 0.5h 的 $\Delta t_{\downarrow}$。此外，建筑密度（1～3 层）对 $PM_{2.5}$ 的降低速率影响强度高于建筑密度（4～9 层），说明街区中的低层建筑对 $PM_{2.5}$ 的影响相对更强烈。

3）灰色空间形态对 $PM_{2.5}$ 降低变化的相对贡献程度

从这些指标在不同污染程度回归模型的 β' 值来看，不同灰色空间形态指标对 $PM_{2.5}$ 降低变化的贡献程度不一样。（1）在 $C_{\downarrow}$ 模型中，仅道路密度在轻度污染时对 $PM_{2.5}$ 下降幅度具有约 18%的贡献度。（2）在 $\Delta t_{\downarrow}$ 模型中，平均建筑高度、建筑高度标准差在整体污染水平分别对 $PM_{2.5}$ 的下降时长贡献度约为 18%、16%，天空可视因子在整体、中度污染时的贡献度分别约为 8%、46%，具有较大差异。（3）在 C_{V} 模型中，整体污染水平时，建筑密度（1～3 层）对 $PM_{2.5}$ 的下降速率贡献度最大，约为 14%，建筑均匀度指数、建筑高度标准差、建筑密度（4～9 层）次之，分别约为 9%、8%、7%；重度污染时，容积率的贡献度较建筑密度（4～9 层）大，分别约为 18%、12%。

可以发现，同一指标在不同污染程度下对同一 $PM_{2.5}$ 变化指标的贡献度也具有较大差异，因此必须对各类指标的 β' 值进行标准化处理再进行对比。如表 5.3-5 所示，在七类灰色空间形态指标中，容积率的 β'' 最大，对 $PM_{2.5}$ 下降速率贡献度最大；建筑密度（1～3 层）次之；建筑密度（4～9 层）、平均建筑高度、建筑高度标准差、建筑均匀度指数的 β'' 均较为接近；天空可视因子、道路密度的 β'' 最小，分别对 $PM_{2.5}$ 下降时长、幅度贡献度最小。该结果为后续的街区灰色空间调控提供了一定参考价值，需要特别注意容积率的控制，尤其对低层建筑密度的把控。

$PM_{2.5}$ 降低类指标回归模型中的灰色空间形态指标标准化后的 β' 值 表 5.3-5

污染程度	标准化后的 β'（即 β''）					
	$C_{\downarrow}$		$\Delta t_{\downarrow}$		C_{V}	
整体污染	—	—	平均建筑高度	0.054	建筑密度(1～3 层)	0.088
	—	—	建筑高度标准差	0.049	建筑密度(4～9 层)	0.043
	—	—	天空可视因子	0.025	建筑高度标准差	0.050
	—	—	—	—	建筑均匀度指数	0.058
轻度污染	道路密度	0.015	—	—	—	—
中度污染	—	—	天空可视因子	0.015	—	—
重度污染	—	—	—	—	建筑密度(4～9 层)	0.068
	—	—	—	—	容积率	0.106

5.3.3 灰色空间形态与 $PM_{2.5}$ 相对指标的综合分析讨论

1. 灰色空间形态对 $PM_{2.5}$ 增长、降低的影响讨论

城市街区中复杂多样的建成环境影响着 $PM_{2.5}$ 的传输或扩散，使不同街区的 $PM_{2.5}$ 增长或降低变化趋势有着较大差异。然而，当前研究普遍关注空间形态对

月度、季度等 $PM_{2.5}$ 平均浓度的影响，本研究进一步关注 $PM_{2.5}$ 浓度增长、降低的动态变化特征，通过 37 个街区样本灰色空间形态与 $PM_{2.5}$ 相对指标的量化分析，发现它们均对 $PM_{2.5}$ 具有显著影响，因此，下面在它们影响 $PM_{2.5}$ 浓度动态变化的方式、强度、相对贡献程度等基础上，进行深入的分析讨论。

1）灰色空间密度类指标对 $PM_{2.5}$ 增长、降低的影响

在密度类指标方面，建筑密度反映了单位面积用地上的建筑覆盖疏密程度，建筑密度（1～3 层）、建筑密度（4～9 层）显著影响 $PM_{2.5}$ 的增长速率及下降速率，它们的值越大，越有利于增强 $PM_{2.5}$ 的增长速率，并减弱其降低速率，不利于 $PM_{2.5}$ 的下降。该结论与既往研究相似，在居住区外设置对照点，其 $PM_{2.5}$ 浓度基本上均高于居住区内部浓度。居住区中建筑密度与居住区内外 $PM_{2.5}$ 浓度的差值呈显著负相关，即居住区的建筑密度越高，其内部 $PM_{2.5}$ 浓度越高。此外，街区尺度或一定范围内的建筑覆盖面积与 $PM_{2.5}$ 或其他粒径 PM 浓度的正相关关系也得到了较多实证的检验。综合来看，街区中的建筑对 $PM_{2.5}$ 具有负面影响，不仅对 $PM_{2.5}$ 浓度具有增强作用，还促进 $PM_{2.5}$ 增长、弱化 $PM_{2.5}$ 下降的速率。建筑密度越高的街区，不仅阻碍了街区内部的通风，当环境 $PM_{2.5}$ 浓度上升时，由于较差的内部通风环境，使 $PM_{2.5}$ 不易流通疏散，因此易于促进 $PM_{2.5}$ 浓度的增长。同时，高建筑密度街区往往存在较集中的人口、生活生产活动、交通流量，从而间接加重 $PM_{2.5}$ 污染。本研究进一步将街区中的建筑密度按照建筑层数进行划分，发现对 $PM_{2.5}$ 增长、降低变化影响显著的区域主要集中在 9 层及以下的建筑。一方面，在研究的街区样本中，10 层及以上的建筑密度普遍低于 5%，且不同街区之间的建筑密度（10 层以上）差异较小；另一方面，随着高度的增加，建筑物对近地面的 $PM_{2.5}$ 影响逐渐减小，因此建筑密度（10 层以上）对 $PM_{2.5}$ 浓度的增长、降低无显著影响。

由于道路上汽车排放的尾气是街区 $PM_{2.5}$ 的主要来源，在以 $PM_{2.5}$ 为对象进行的城市建成环境因子回归分析的相关研究中，道路密度是应用较广泛的因子之一。本研究中，道路密度仅在轻度污染时与 $PM_{2.5}$ 浓度的降低幅度显著相关，道路密度较高的街区 $PM_{2.5}$ 浓度降低幅度越小。类似地，我国 190 个城市的道路密度与 $PM_{2.5}$ 浓度具有显著正相关关系。然而，街区的道路密度越高，$PM_{2.5}$ 浓度也可能越低，主要是受其中不同道路等级比例不同的影响。Wang 等发现二级道路与支路的比例越高，$PM_{2.5}$ 浓度越低，这与当前推崇的“小街区、密路网”街区模式相匹配。因此，鉴于道路密度对 $PM_{2.5}$ 的复杂影响，需要对其中的各级路网进行合理分配。

2）灰色空间强度类指标对 $PM_{2.5}$ 增长、降低的影响

在强度类指标中，容积率是我国规划管控的重要指标之一。容积率显著影响 $PM_{2.5}$ 的增长幅度与降低速率，其值越大，$PM_{2.5}$ 浓度的增长幅度越大，降低速

率越小，起着负面的影响。基于遥感影像反演得到武汉主城区 1km 精度的 $PM_{2.5}$ 浓度，并与容积率进行关联分析，发现二者呈显著正相关，即容积率越大，$PM_{2.5}$ 浓度越高。祝玲玲通过 ENVI-met 模拟不同居住区的 $PM_{2.5}$ 浓度，亦得出容积率与 $PM_{2.5}$ 浓度成正比的结论。FAR 对 $PM_{2.5}$ 的影响同建筑密度类似，受到街区人口密度、活动等的间接影响。

3）三维形态类指标对 $PM_{2.5}$ 增长、降低的影响

三维形态类指标，如平均建筑高度及建筑高度标准差在回归模型中的出现频率较高，较高的建筑高度有利于减小 $PM_{2.5}$ 的增长幅度与速率，同时增加 $PM_{2.5}$ 的增长时长，缩短 $PM_{2.5}$ 的降低时长。Aristodemou 等通过设置 3 个案例模拟了街区不同建筑高度的 $PM_{2.5}$ 浓度分布规律，它们发现，当建筑高度越高时，建筑底层越容易形成更大的顺风环流区与流场偏转，从而带动空气污染物的扩散。因此，在 $PM_{2.5}$ 增长时，由于较高的建筑高度不易使其中的 $PM_{2.5}$ 堆积，弱化了 $PM_{2.5}$ 增长的趋势；在 $PM_{2.5}$ 消退时，$PM_{2.5}$ 浓度下降得越快。然而目前关于建筑高度对 $PM_{2.5}$ 影响的研究普遍采用 CFD 数值模拟，一定程度上简化了街区建筑形态及周围空间，基于流体力学的原理模拟 $PM_{2.5}$ 的扩散规律，证实了建筑高度对 $PM_{2.5}$ 有显著影响。而现实中街区复杂的建成环境，以及建筑高度对 $PM_{2.5}$ 的复杂影响，还需要通过更多的实证予以明晰。

建筑高度标准差在不同污染程度对 $PM_{2.5}$ 增长速率的影响方式不同，且不利于 $PM_{2.5}$ 的降低。以香港市区为对象的研究发现，500m 缓冲区内的建筑高度标准差越大，$PM_{2.5}$ 浓度越低，反映出街区较大的建筑高度标准差有助于降低 $PM_{2.5}$ 浓度。这或许由于香港高密度、建筑高度的环境特征，其街区的建筑高度标准差显著大于本次研究的 5 个城市，因此建筑高度标准差对 $PM_{2.5}$ 的影响较显著。

4）灰色空间布局类指标对 $PM_{2.5}$ 增长、降低的影响

空间布局类指标，天空可视因子在城市热岛效应方面的研究较为普遍，在 PM 方面的研究仍较少。本研究中，天空可视因子对 $PM_{2.5}$ 浓度的增长幅度、时长与降低时长均起促进作用，街区的天空可视因子越高，$PM_{2.5}$ 浓度的增长幅度越大，同时加长了其增长时间，缩短了降低时间，体现天空可视因子作用的两面性。一方面，在 $PM_{2.5}$ 增长时，街区越开阔，越能增强街区的流通性，越容易使 $PM_{2.5}$ 流入街区，加强了它的增长幅度，但由于街区流通性较好，使 $PM_{2.5}$ 的流动频率变高，因此增加了 $PM_{2.5}$ 的增长时间。另一方面，在 $PM_{2.5}$ 消退时，显然开阔的街区空间有利于 $PM_{2.5}$ 浓度的快速下降。在 Silva 等对 PM_{10} 的研究中，发现增加街区的天空可视因子有利于降低 PM_{10} 浓度。类似地，Edussuriya 等采用 Occluvisity 指标衡量街区的封闭程度，发现其值越大，街区 $PM_{2.5}$ 浓度越高，与本研究结论趋同。

建筑均匀度指数反映了街区中建筑体量的差异，一定程度上也反映了建筑形态的复杂性，但目前以类似指标用于分析 $PM_{2.5}$ 的较少。建筑均匀度指数能影响

$PM_{2.5}$ 浓度的增长速率及降低速率，街区的建筑体量差异越大，有利于减弱 $PM_{2.5}$ 浓度的增长速率，加强其降低速率。建筑体量差异的增加，有利于在街区中形成复杂的流场，促进 $PM_{2.5}$ 浓度的下降。进一步而言，虽然街区的建筑均匀度指数越高，越有利于 $PM_{2.5}$ 浓度的下降，但该指标反映了二维层面街区建筑体量的差异，并未体现建筑竖向三维空间特征或建筑的空间布局方式。例如，当两个街区的建筑均匀度指数相同时，不同建筑高度的差异也可造成它们对 $PM_{2.5}$ 浓度下降的不同影响效果。因此，在实际的规划调控中，还需结合建筑高度、建筑空间布局形式等因素，进行更综合的考量。

2. 街区不同形态的灰色空间对 $PM_{2.5}$ 影响的对比

本研究将 37 个街区基于灰色空间形态进行分类，采用建筑密度、平均建筑高度两个指标进行划分，分别反映灰色空间的二维与三维形态。参考龙瀛等对建筑高中低密度与高度的界定标准，本研究采用折中的方式，以 20%、15m 为“低—高”建筑密度、高度的划分界限，以便与基于绿色空间的街区分类衔接，最终将 37 个街区分为四种三维形态类别（表 5.3-6），名称如下：(1) 低层低密度型，由于街区中纳入部分邻近的城市绿地，或位于城市建成区边缘地带，其建筑密度、高度均较低；(2) 低层高密度型，该类型街区一部分位于城市老城区，形成老旧建筑无序拼贴的肌理，还有部分现代低层住宅的密集分布形式；(3) 高层低密度型，该类型多位于城市新区，平均建筑高度多高于 20m，最高的达到 42m，但建筑密度处于较低水平；(4) 高层高密度型，基本上为居住用地，以现代居住建筑为主。

37 个街区按照灰色空间二维与三维形态的分类　　表 5.3-6

街区类型	低层低密度型	低层高密度型	高层低密度型	高层高密度型
街区编号	WH3、WH5、WH6、NJ4、NJ5、NJ6	WH1、WH4、HF1、HF2、HF3、NJ1、NJ2、NJ3、SH8、HZ3、HZ5	WH7、HF4、HF6、HF7、HF8、HF9、SH7、HZ4	WH2、HF5、SH1、SH2、SH3、SH4、SH5、SH6、HZ1、HZ2、HZ6、HZ7
街区灰色空间形态特征	街区纳入邻近绿地，或位于城市边缘区，建筑布局较分散	建筑平面布局拥挤度高，但高度较低	建筑布局较分散，或存在较大规模开放空间，但建筑高度较高	建筑普遍较高，或整体高度适中，存在部分极高建筑加大平均建筑高度
代表图示				

为了直观地展示街区灰色空间的不同形态，并为灰色空间形态的优化调控提供参考，依据不同街区 $PM_{2.5}$ 增长、降低幅度及速率的大小，各选取了一个增长能力强与弱、降低能力强与弱的典型街区进行对比分析。

图 5.3-3 以建筑、道路及其他硬质地表的空间布局，呈现出不同的 $PM_{2.5}$ 增长、降低能力街区的灰色空间形态与街区肌理。

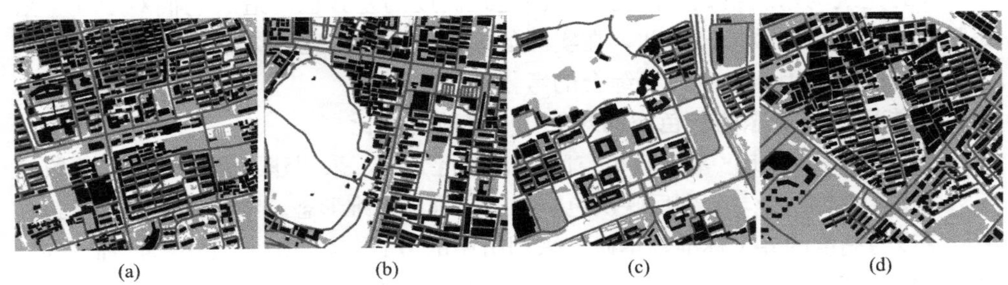

图 5.3-3　不同 $PM_{2.5}$ 增长、降低能力街区的灰色空间形态对比

(a) 街区 SH8；(b) 街区 WH7；(c) 街区 NJ4；(d) 街区 HZ3

$PM_{2.5}$ 增长能力强的街区为 SH8，属于低层高密度型街区。在该街区中，灰色空间规模整体较大，以高密度的 9 层及以下建筑为主，建筑高度较均衡，差异不大。由于绝大部分建筑为板式居住建筑，体量差异较小，仅在街区南部存在一个临时性加建的体量较大的低层建筑群。街区中还分布着较多的硬质化地面，仍为空地。较高的建设密度使街区风环境处于静稳状态，难以疏散 $PM_{2.5}$，因此当环境浓度增加时，$PM_{2.5}$ 也随之较显著地增长。$PM_{2.5}$ 增长能力弱的街区为 WH7，属于高层低密度型街区。建筑密度较低，集中分布于街区东部及北部，建筑高度差异较大，开放空间的存在提高了街区的开阔度。这些环境特征均有利于 $PM_{2.5}$ 的疏散，因此其增长能力能被显著削弱。$PM_{2.5}$ 降低能力强的街区为 NJ4，属于低层低密度型街区。该街区在 4 个街区中建筑密度最低，且分布较零散，建筑平均高度较低，仅 12m，且高度差异较小，接近低层低密度的街区形态，因此街区整体也较为开阔，从而促进街区 $PM_{2.5}$ 的扩散，浓度降低幅度显著。$PM_{2.5}$ 降低能力弱的街区为 HZ3，属于低层高密度型街区。建筑密度较高，主要为 3 层以下的建筑，属于低层高密度的街区形态。街区中也存在面积较大的硬质地面，但密集的建筑布局（尤其北部）使街区开阔度整体较低。因此，$PM_{2.5}$ 在街区中的疏散受到限制，当环境浓度下降时，其下降效果不显著。以上 4 个街区的空间形态特征说明，较高的建筑密度可以促进 $PM_{2.5}$ 的增长而不利于其下降，相反地，街区开阔的空间可以改善其内部通风环境，进而促进 $PM_{2.5}$ 浓度的下降。尽管街区的建筑高度较低，若受到较高的密度影响，仍不利于改善 $PM_{2.5}$。因此，在对街区的空间环境进行优化调控时，需考虑其各种形态。

5.4　街区灰色空间对 $PM_{2.5}$ 的作用机制分析

针对以上量化分析结果，结合其他相关研究，本章尝试探讨灰色空间对 $PM_{2.5}$ 的作用机制。街区灰色空间的不同要素对 $PM_{2.5}$ 的影响不同，其中，道路是产生 $PM_{2.5}$ 的主要空间要素，道路形态通过影响人们的出行方式来影响 $PM_{2.5}$ 浓度的高低；而建筑组合、布局形态则通过影响街区的通风环境，进而影响 $PM_{2.5}$ 的扩散及浓度分布。此外，本章还探讨了灰色空间对 $PM_{2.5}$ 的其他作用方式（图 5.4-1）。

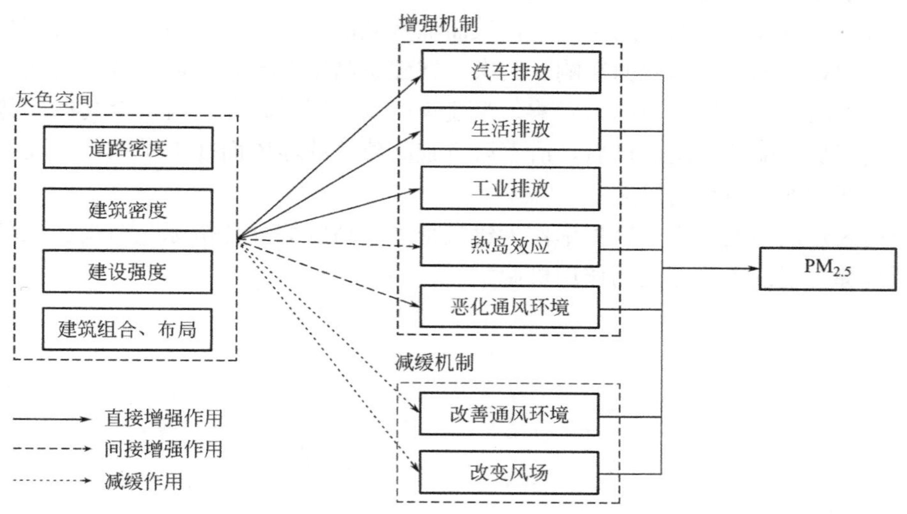

图 5.4-1　街区灰色空间对 $PM_{2.5}$ 的作用方式

5.4.1　道路形态对 $PM_{2.5}$ 的作用机制

道路密度与影响人们出行距离的重要因素——“可达性”密切相关，从而影响人们的出行方式。街区中降低尽端路比例，提高道路密度，有助于加强道路连通性，从而减小平均出行距离。在不同的路网结构中，格网状道路结构的可达性较高，可在一定程度上缩短出行的距离。调查亦显示，格网状的社区汽车出行量低于尽端路模式社区。可见，高密度、格网状道路结构给人们提供了更多可以选择的路径，减小交通堵塞的可能性及因堵塞造成的尾气排放量，较高的道路密度也有利于提高公共交通的覆盖面积，从而降低 $PM_{2.5}$ 的浓度。

5.4.2　建筑形态、布局对 $PM_{2.5}$ 的作用机制

大量研究通过 CFD 数值模拟分析了建筑组合、布局形态对街区风环境的影

响机制，从而为街区大气污染、热舒适改善等提供参考。

在建筑覆盖密度方面，街区建筑密度越高时，气流越难以深入其内部。在街区内部具体的空间上，建筑密度较高的区域风速较小，建筑密度较低的区域风速明显较大，而减小建筑密度能降低街区中的静风区域面积，因此较小的建筑密度有利于 $PM_{2.5}$ 的扩散。

在建筑的三维空间形态方面，首先，对于街区中的高层建筑，当气流与其相遇时，建筑两侧的风受建筑表面低压区的吸引形成速度较快的下冲风，能快速疏散堆积于建筑底部的 $PM_{2.5}$ 等空气污染物。然而，高层建筑也会造成严重的 $PM_{2.5}$ 污染，城市内密集的高层建筑能加强它们对大气边界层的空气动力学阻力，减小风速并增加温度层结效应，从而加重城市内的 $PM_{2.5}$ 污染。因此较高的建筑对 $PM_{2.5}$ 的扩散呈双面影响。其次，在建筑高度差异方面，街区的流场会受到风场方向与建筑高度布局的影响。当建筑高度按照风场方向由低至高的趋势布局，气流从靠前的建筑通过后，沿着后方较高建筑的迎风面往下扩散，从而提高了近地面的通风效果与风速。

街区建设强度方面，容积率作为建筑密度与高度的复合指标，对街区风环境的影响综合了以上两方面的作用机制。

第 6 章　改善 $PM_{2.5}$ 的街区建成环境优化策略

目前，尽管已产生较多城市空间与大气颗粒物之间的研究成果，且研究人员已意识到健康及可持续发展在空间规划设计中的重要性，但仍未有明确的措施指导城市街区空间优化调控，以改善大气颗粒物污染。前几章对街区空间环境及其对 $PM_{2.5}$ 的影响进行了分析，初步了解其中的“格局—效应”机制。在此基础上，本章结合目前相关的文献资料，包括伦敦、洛杉矶、鲁尔工业区等历史上发生重大空气污染事件的城市或地区的治理经验，以及国内外学者基于中国城市空间环境特征的既有研究成果，提出改善街区 $PM_{2.5}$ 的绿色空间、灰色空间优化策略。

首先，对绿色、灰色空间指标影响 $PM_{2.5}$ 变化的阈值进行分析，并提出改善 $PM_{2.5}$ 的街区绿、灰空间整体优化策略体系，在此基础上，分别对绿色、灰色空间的各个指标提出具体的调控措施，以及针对绿、灰空间的整体协调策略。

6.1　街区建成环境优化策略体系

在前几章绿色、灰色空间各个指标与 $PM_{2.5}$ 增长、降低的相对指标具有显著影响的基础上，下面基于它们之间的偏相关分析，结合“空间指标—$PM_{2.5}$ 指标”图的散点走势线，以及以最优拟合曲线为参照的变化趋势线，判断各个空间指标影响 $PM_{2.5}$ 变化的值域范围。分析得知，当空间指标超过一定数值时，对 $PM_{2.5}$ 的变化影响逐渐趋缓或开始加强的阈值，为街区绿色、灰色空间的调控力度提供依据。由于前几章已经涉及衡量绿色、灰色空间规模的绿化覆盖率及硬质地表率，故本章仅对空间形态类指标进行分析。

结合前文及已有研究成果，城市街区下垫面类型及其所占比例（绿地、建筑、道路等）、街区形态（建筑密度、高度等）、建设强度（容积率等）均对街区的 $PM_{2.5}$ 浓度有重要影响。街区 $PM_{2.5}$ 的影响因素复杂多样，除了受到街区建成环境的直接影响，也受到由于空间形态差异所产生的局地微气候（例如环境温湿度、风速风向等）的间接影响。基于风景园林及相关学科，城市街区空间环境对 $PM_{2.5}$ 的缓解作用可通过“源—流—汇”三大策略得以实现。“源—流—汇”理论是大气污染研究的一项基本原理，“源”即一个过程的源头，“汇”即一个过程消失的地方，“流”是“源”和“汇”相连接的过程。

（1）控制污染源（控源）：通过调整街区用地结构、优化用地布局与交通体系，减少污染源；

（2）引导 $PM_{2.5}$ 的流动扩散（引流）：优化街区空间形态，改善内部通风环境，促进 $PM_{2.5}$ 的扩散；

（3）沉降、吸附 $PM_{2.5}$（汇聚）：通过街区绿色空间对 $PM_{2.5}$ 的拦截、吸附作用，降低大气 $PM_{2.5}$ 浓度。

在本研究分析的街区建成环境要素中，灰色空间是产生 $PM_{2.5}$ 的主要来源，道路形态优化、硬质地表率控制，对应着控源策略；建筑形态、空间布局影响着 $PM_{2.5}$ 的流动扩散，对应着引流策略；绿色空间是消减 $PM_{2.5}$ 的重要因素，其规模与形态对应着汇聚策略。本研究从绿色空间、灰色空间规模及形态的各个维度构建基于改善 $PM_{2.5}$ 的街区建成环境优化策略体系，再从中提取具体的优化策略（表 6.1-1）。

基于 $PM_{2.5}$ 改善的街区建成环境优化策略　　表 6.1-1

	空间指标	优化调控原则	优化策略要点
绿色空间	绿化覆盖率	提供更多的叶面积指数	绿化覆盖率适宜取值：30%～40%； 乔木优先，搭配灌草
	核心	增量以提高大规模绿色斑块优势度	空地及其他可利用空间增绿； 邻近核心间的连通渗透； 小规模绿色空间扩容转化成核心
	孤岛	减少小规模绿色斑块的数量及破碎分布	增加面积转化成核心或桥接； 与周围绿色空间的渗透
	孔隙	减少大规模绿色空间内的人为干扰	通过内部廊道的连接增加绿色空间的稳定性
	边缘	考虑边缘比例引起的较大斑块的破碎化程度	邻近核心的连通，形成更大的核心，从而减少边缘面积
	环线	兼顾对 $PM_{2.5}$ 增长幅度与时长的相反作用	取值适中，大规模绿色斑块受人工干扰时，加强内部廊道建设
	桥接	增量以加强绿色斑块间的相互连通	在可利用空间基础上，通过孤岛、分支等进行转化
	分支	兼顾不同污染程度所起的促进、抑制 $PM_{2.5}$ 的增长作用； 避免过多导致绿色空间破碎化分布	分支的适宜取值：1.5%； 延伸长度与其他核心相连，转化为桥接

续表

	空间指标	优化调控原则	优化策略要点
灰色空间	建筑密度	降低密度提高街区通风效果； 注重 9 层及以下建筑的覆盖密度	建筑密度(4～9 层)适宜取值：10%～15%； 控制 3 层及以下建筑密度较低水平，可用高层大间距建筑取代
	容积率	兼顾建筑密度与高度对街区通风的影响	容积率适宜取值：1.5
	平均建筑高度	提高街区内部的通风效果； 引导风流靠近近地面； 考虑建筑高度对大气边界层的影响	平均建筑高度适宜取值：20～30m； 建筑不同高度处的通风口设置
	建筑高度标准差	引导风流靠近近地面	考虑风向、污染源位置，不同高度建筑的错落式布局
	建筑均匀度指数	利用差异化的建筑体量形成较大的风场	建筑均匀度指数适宜取值：0.02； 居住区中点式、板式等不同形式的组合； 商业区中建筑体量的差异化布置
	天空可视因子	增大街区开阔度形成良好通风环境，促进 $PM_{2.5}$ 浓度下降； 同时考虑过高的开阔度，也提高了 $PM_{2.5}$ 浓度的增长幅度	天空可视因子适宜取值：>0.5，其中 0.50～0.55 最佳； 增加建筑间距，降低建筑密度
	硬质地表率	减少硬质地表，增加地表粗糙度	硬质地表率适宜取值：40%～50%
	道路密度	考虑提高道路密度时汽车的流量变化； 考虑以骑行、步行为主的交通方式	道路密度适宜取值：20km/km^2； 打通尽端路、T 形路，或采用单向二分路； 增加二级道路、分支比例

此外，从前几章的分析可知，街区绿色空间与灰色空间对 $PM_{2.5}$ 的影响具有空间尺度效应，在不同尺度下，灰绿空间的影响强弱不一致，因此适宜的街区空间尺度的灰绿空间调控对改善 $PM_{2.5}$ 具有一定意义。在总体规划层次加强优化整体规划指标的同时，重点需要在控制性详细规划阶段，加强街区尺度的规划和管控。通过对 1000m×1000m 街区的进一步尺度划分，在不同街区尺度灰绿空间规模与 $PM_{2.5}$ 定量分析的基础上，得到街区调控的适宜尺度。对于绿色空间而言，可适当缩小街区尺度，采用 600～800m 的街区规模为控制单元。结合城市道路、水体等界限的划分，控制单元用地规模大约在 36～64hm^2 之间。对于灰色空间而言，仍可以 1000m 街区规模为控制单元。

6.2 街区绿色空间优化策略

6.2.1 绿色空间规模优化策略

街区绿色空间的数量及规模越大，越有利于 $PM_{2.5}$ 的消减。在我国使用的绿色空间指标中，衡量绿色空间数量或规模的指标主要包括绿化覆盖率、绿地率、人均公园绿地面积，涉及不同空间层面的绿色空间。考虑到城市绿色空间消减 $PM_{2.5}$ 的影响范围，与其在城市周边大规模建设绿地，不如直接设法提高城市中心区的绿化覆盖率。在城市高密度的建成区中，相对于绿地率而言，提高绿化覆盖率更为直接有效，且更易于实现。研究表明，植物的冠层密度是影响大气颗粒物衰减系数最重要的因素，因此，通过提高植物冠幅来增加绿色空间规模具有较高的意义。在高密度城市街区的绿色空间管控中，大规模地新增绿地难度较大，建议重点强化两方面的措施：一是保护与增加小区和道路中附属绿地的高大乔木，生长成型后的高大乔木可形成宽阔的树冠空间，能织补绿色肌理和串联绿色廊道；二是加强立体绿化，主要通过营造竖向景观界面，例如以屋顶绿化、垂直绿化等方式增加绿量，提高绿化覆盖率（图 6.2-1）。

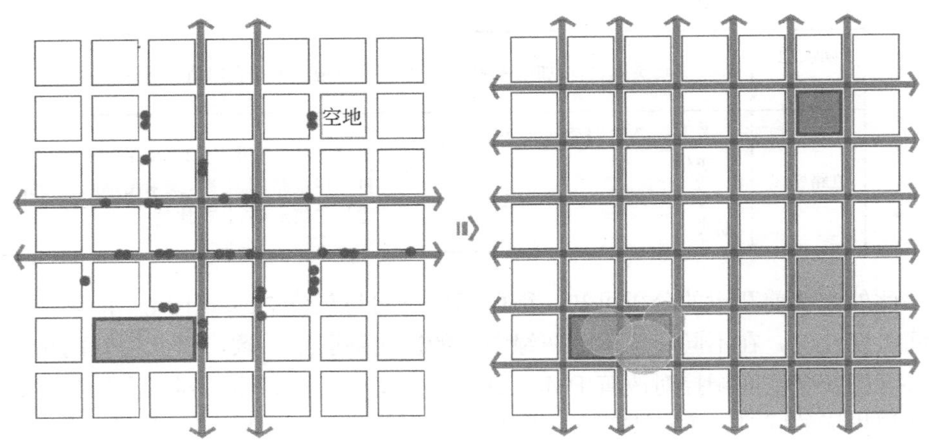

图 6.2-1　街区绿化覆盖率策略示意

结合街区中存在绿色空间的主要类型或不同街区类型，本书提出以下具体的优化措施：

1. 街区中的绿地结构优化策略

当街区中存在的绿化形式为较单一的公园绿地、附属绿地时，可从竖向空间上进一步丰富植物群落结构，合理搭配乔灌草。建议道路绿带采用（乔＋灌＋

草）—乔的配置模式，公园绿地植物配置以 1～2 层的乔林或“乔＋草”结构、群落骨干树种突出，且乔木规格较大的搭配结构，有利于消减 $PM_{2.5}$。需考虑不同植物类型起到的 $PM_{2.5}$ 消减效果，以乔灌为主，合理搭配草地，在较大程度地发挥绿色空间生态功能的同时，兼顾其景观、游憩功能。

2. 居住区绿色空间增量策略

城市的旧城区往往建筑密度高、绿化覆盖面积低，适合以“见缝插绿”的方式进行绿地布局，相比集中式布局，能产生更大的生态效益。随着我国城市发展放缓，本书提倡通过微小的更新或改造，提高空间品质。因此，在旧街区改造更新时，可利用街巷、庭院空间增加树木，创建更多的林荫道。通过屋顶绿化、阳台绿化等绿化方式，利用建筑的边角空间增加绿量，这也是绿色建筑所需要的。其中，复合型绿色空间，例如社区农园、草药园、微花园等，在提高绿色空间面积的同时，亦能加强它们与居民日常生活的联系。在城市新建区中，也应充分利用空地和废弃地，结合停车场、建（构）筑物、高架桥等空间，融入绿色景观，提高城市绿色空间面积，并充分挖掘城市地下空间潜力，建立停车场、商业空间，为地面空间创造更多的绿量提供条件。

3. 商业区绿色空间增量策略

商业区往往由于较高的建筑密度及较大的硬质广场，降低了绿色空间规模。一方面，可重点针对硬质广场进行绿色空间的优化。通过局部上精致的景观设计，例如停车场地的镂空砖石的地被植物、座椅休憩空间的大冠幅乔木栽植等措施，增加室外空间的绿色景观。另一方面，针对商业建筑高度较低的特点，推广屋顶绿化，可较大程度地提升绿化覆盖率。

理论上，街区绿化覆盖率越高，对 $PM_{2.5}$ 的消减效果越好，但随着绿化覆盖率的提升，$PM_{2.5}$ 浓度的下降趋势逐渐减缓，依据第 4 章的研究结论，建议绿化覆盖率的阈值为 30%～40%。

6.2.2　绿色空间形态优化策略

依据本书第 4 章的分析，街区尺度的 MSPA 要素与 $PM_{2.5}$ 的增长、降低变化有着密切联系，在城市尺度整体布局的基础上，通过绿色空间的细部构建形成街区微绿网，可有效整合零散的绿色斑块，提高绿色空间空气净化与其他生态效益。在城市街区高密度建设的背景下，绿地普遍破碎化程度较高，连接度较弱，呈零散状分布，且难以再实施大规模的绿化，因此通过绿色空间形态格局的优化更有意义且至关重要，其核心要点包括：（1）通过不同 MSPA 要素之间的转化，增加绿色空间中的核心面积，并减少孤岛面积，降低斑块的破碎化程度；（2）在核心存在孔隙时，通过环线加强内部的连通性；（3）优化核心区形态，增加宽度，以减少细碎的分支面积；（4）增加桥接面积，以形成更多的绿色廊道，构建以重要斑块为核心，线性廊道串联的多层级绿色开放空间网络。

针对第 4 章提到的 4 类以街区绿色空间划分的街区类型，从整体上也可提出以下策略：(1) 对高绿化覆盖整体型街区而言，这类街区绿化规模较大且连通性较高，因此可在维持目前绿色空间状态的基础上，进一步加强其中核心区与中小斑块的渗透连接。(2) 对高绿化覆盖分散型街区而言，需进一步整合中小绿色核心区，减少边缘，降低核心的分散度，并与已有的主导核心斑块加强相互连接。(3) 对低绿化覆盖分散型街区属于城市中普遍存在的街区类型，已有部分较完善整体的绿色空间，但仍存在较多破碎的绿色空间，需进行整合，使其加强联系。此外，还需优化仅一端从核心区延伸出的分支，形成更多相互连通的桥接。(4) 低绿化覆盖破碎型街区往往属于高密度建设类型，因此可以通过"见缝插绿"的方式增添绿色空间，同时尽量扩展已有绿色斑块边缘，尤其是孤岛状绿斑，使街区零散分布的绿色空间整体有所提升。

如前文所述，从改善街区 $PM_{2.5}$ 的角度，街区绿色空间形态需加强其网络化构建及其连通性，降低破碎度。从 MSPA 的构成要素来看，可以对绿色空间进行分类，分为较大规模的面状绿色空间、较小规模的点状绿色空间和线性的绿色廊道，下面针对这三类绿色空间进一步提出更具体的调控措施。

1. 面状绿色空间优化策略

面状绿色空间是绿色空间中生态价值较高的区域，当达到一定规模后才能更好地发挥生态效益，其规模取决于研究对象的尺度。在街区尺度，面状绿色空间由 MSPA 要素中的核心构成，包括社区公园、附属绿地（居住区、道路）等较大规模绿地。为了尽可能地提高绿色空间网络结构的稳定性与其对 $PM_{2.5}$ 的消减效果，需考虑核心区的规模、对维持网络连通性的重要程度等因素，筛选重要的核心为面状绿色空间，以保证微绿网较高的连通性与稳定性。其次，可将邻近的核心斑块通过桥接进行合并，或进行空间上的渗透，形成更大规模的面状绿色空间，同时有利于降低边缘的比例，进一步促进 $PM_{2.5}$ 浓度的下降。最后，结合场地现状环境特征，选取可发展成绿色空间的用地或空间，例如闲置用地、宅前空地、可供绿化的屋面等，或将面积较小的核心、孤岛通过可利用空间的绿化种植，使其转化为面积较大的核心，作为潜在的面状绿色空间（图 6.2-2a）。

以街区上海虹口凉城 SH2 为例，街区现有的大规模绿地主要为社区公园、广场用地，且存在部分屋顶绿化。由于街区建筑密度较高，有潜力发展成新的面状绿色空间的仍为零散分布的空地、东南角的低层商业建筑屋顶以及北部小规模的城中村等空间，宜对其进行增绿、屋顶绿化或空间更新改造。另外，亦可把已有的小规模绿色斑块发展成面状绿色斑块，如街区中的宅旁绿地（图 6.2-2b）。

把核心与 $\Delta t_{\uparrow}$、$\Delta t_{\downarrow}$、C_V 的曲线进行拟合分析，结果均呈现持续增长或下降的趋势，由于核心是 MSPA 要素的主要构成，其比例在各个街区间与绿化覆

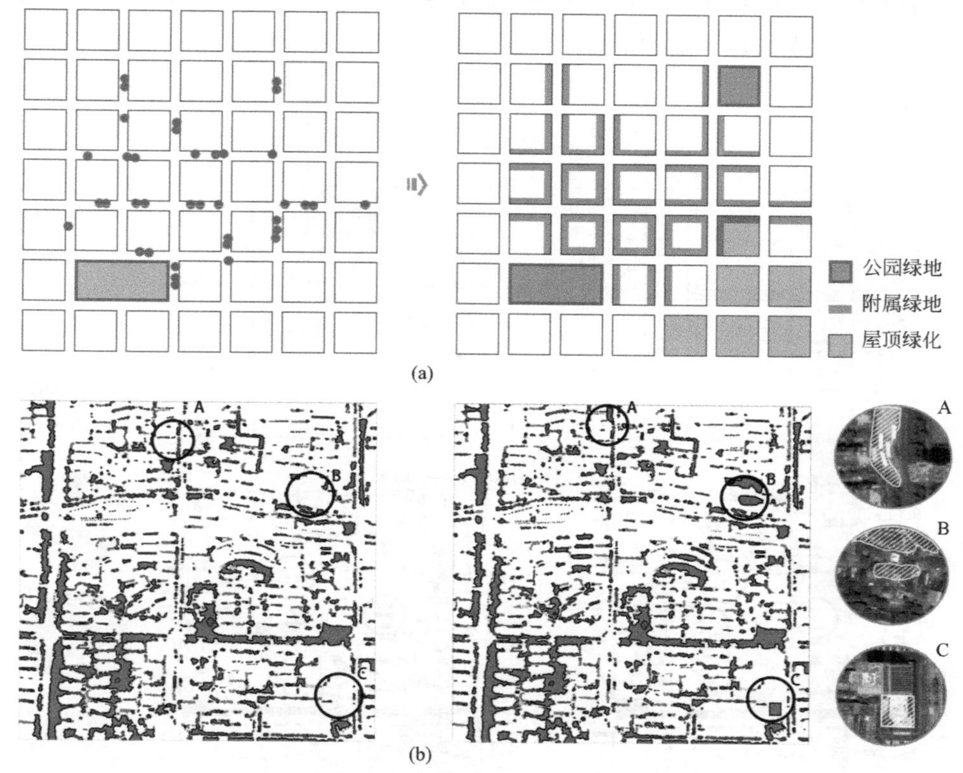

图 6.2-2　街区面状绿色空间策略

（a）街区面状绿色空间策略示意；（b）上海街区的实际应用

盖率有着明显的正相关关系，因此仅需尽可能地增加核心的比例，亦可将其控制在 30％左右。

2. 点状绿色空间优化策略

点状绿色空间一般零散地分布在街区中，对应着 MSPA 要素中的孤岛。对于居住区的宅旁绿地、道路广场等，仅需较小幅度地增大其面积，即可将其转化为核心，形成面状绿地。对于这类点状绿色空间，可通过新增冠幅较大的乔木，使绿色空间的外边缘整体往外扩。此外，街区中不可避免地还存在着规模更小的点状绿色空间，例如单棵散置的行道树等，难以增绿增加其规模。它们所发挥的 $PM_{2.5}$ 消减效果较弱，可结合邻近绿地、住宅建筑的屋顶绿化，使绿色空间相互渗透（图 6.2-3a）。

图 6.2-3（b）显示了街区 SH2 的 MSPA 要素空间分布，选取其中的 3 个宅旁绿地进行说明，相对于该街区中的其他绿色空间，它们目前以灌草为主，形成规模较小的狭长状孤岛。然而绿色空间周围仍有较多可利用空间，这 3 处绿色空

间也具有较高的提升潜力，通过增加冠幅较大的乔木，扩大绿色斑块的外边缘，就可将其转化成核心。

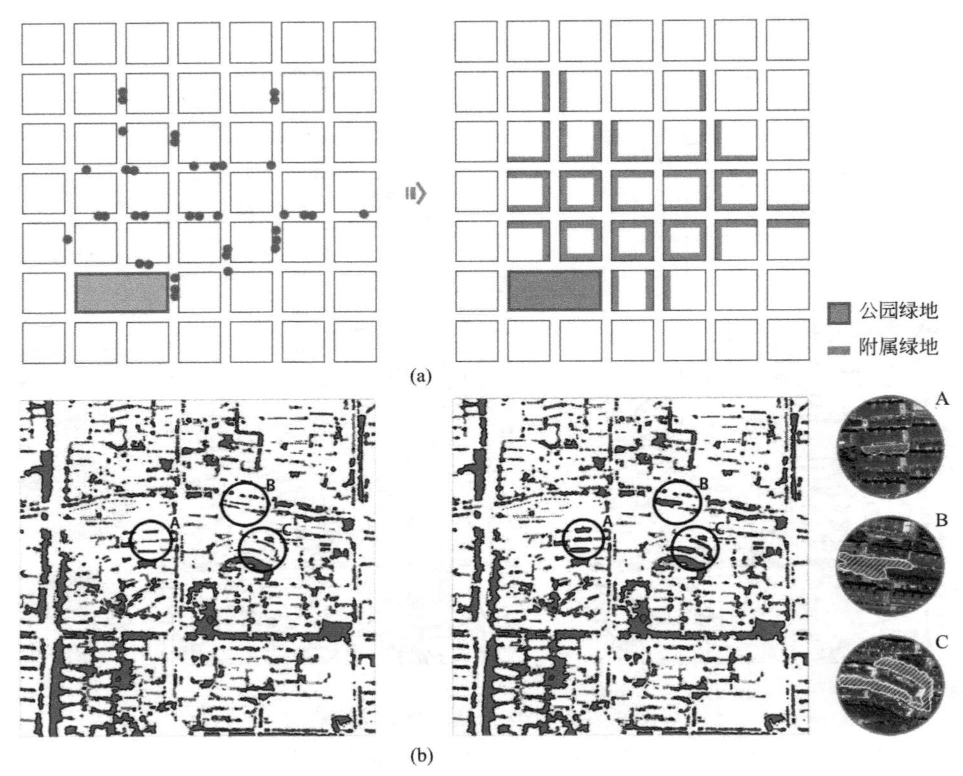

图 6.2-3　街区点状绿色空间策略

(a) 街区点状绿色空间策略示意；(b) 上海街区的实际应用

依据孤岛与 $PM_{2.5}$ 浓度降低时长、速率的曲线拟合分析，将孤岛比例控制在约 2%，即可较大程度地稳定 $PM_{2.5}$ 的消减时长与速率。由于孤岛在七类 MSPA 要素中的比例较低，只需少量地增加面积，即可将其转化成核心或桥接，就能达到优化绿色空间的目标。

3. 线性绿色廊道优化策略

通过建设廊道，可连接面状绿地与点状绿地，对加强街区绿色空间网络的连通性、促进生态流动性具有重要作用。在 MSPA 要素中，桥接、环线与分支均是廊道的主要构成要素，且长条状的核心是较明显与完整的线性廊道，而线性的孤岛也具有发展成廊道的潜力。通过增加这些线性要素的数量，串联孤岛转化成廊道，并减少孤岛数量，均有利于提高 $PM_{2.5}$ 的消减效率。在大规模绿地内的空隙空间，也需通过道路绿带等线性廊道加强内部联系。然而，为发挥廊道的连通功能，需避免过多类似分支的单边联系的廊道。

在城市或周围片区的绿色空间网络规划的前提下构建绿色廊道，可丰富绿色空间网络层级结构。在高密度城市街区中，主要依托道路构建廊道，可根据道路目前的绿化情况、绿化用地资源、立体绿化潜力等方面对各条道路进行评价，选择适宜道路构建廊道，包括社区级绿道、道路行道树、绿化带等。还可依托水系的滨水绿带进行建设，并连接街区中的大小绿斑，提高绿色空间的连通性（图 6.2-4a）。

在街区 SH2 中，目前主要由道路行道树串联成线性廊道，形成了纵横交叉的“十”字形绿廊。但部分道路两侧由于硬质地面覆盖或树木较小，未形成廊道，因此通过新增植株、加强树下空间的绿化等方式，对空缺处织补绿廊，形成街区微绿网（图 6.2-4b）。

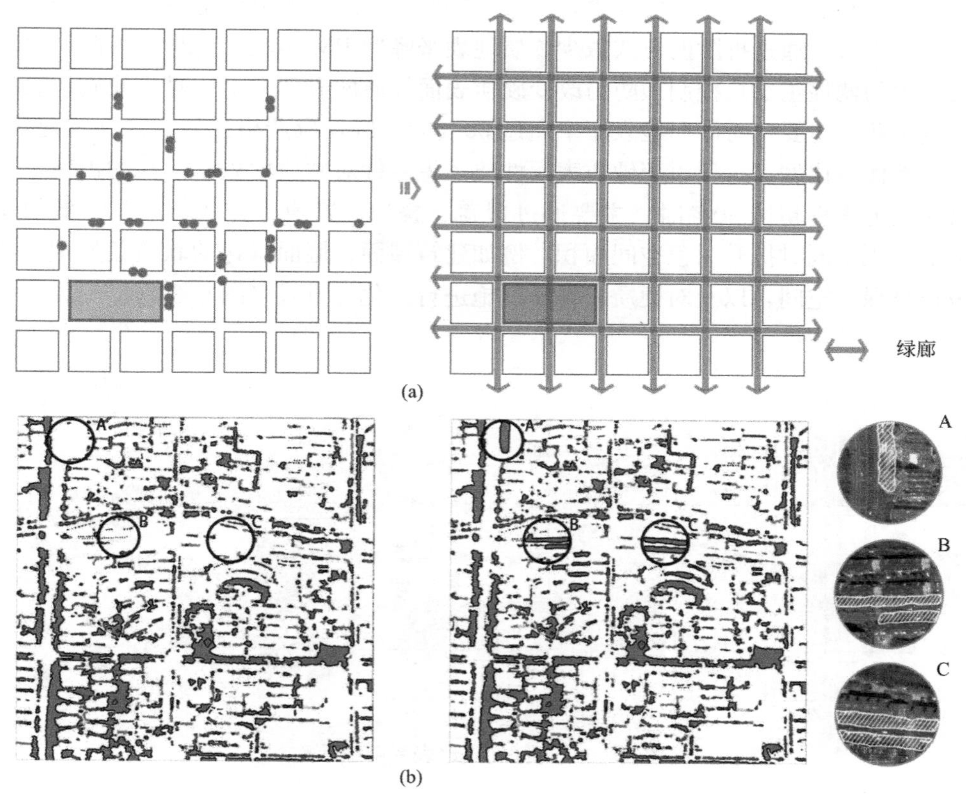

图 6.2-4　街区线性绿色廊道策略

（a）街区线性绿色空间策略示意；（b）上海街区的实际应用

依据分支与 $PM_{2.5}$ 浓度增长时长的曲线拟合分析，由于不同污染程度所起的作用不同，在轻度污染时，当分支比例超过 1.5％时，抑制 $PM_{2.5}$ 增长，而中度

污染一直促进 $PM_{2.5}$ 增长，综合考虑两种污染程度下分支的作用，建议将其比例控制在 1.5%。桥接、环线与 $PM_{2.5}$ 增长、降低指标的拟合曲线则呈持续的增长或降低趋势，且它们在街区中所占比例不高，因此仅需通过可利用空间尽量增加它们的比例。

6.3 街区灰色空间优化策略

6.3.1 灰色空间规模优化策略

硬质地表是人工化痕迹最明显的空间要素，当硬质地表面积增加时，降低了地表的粗糙度，从而降低了对 $PM_{2.5}$ 的附着力。依据前文分析，硬质地表率越低，越有利于街区 $PM_{2.5}$ 的改善，40%～50%是最理想的取值范围。然而，从现实情况来看，通过拆除的方式减少硬质地表来降低 $PM_{2.5}$ 较难实现，因此，对硬质地表的调控主要从控制预防与改变硬质表面性质两方面入手。对于硬质地表的控制预防，主要针对硬质地表率未超过 50%的街区，应严格控制街区新增建筑、硬质地面等比例。对于改变硬质表面性质，主要针对硬质地表率较高的街区，当其硬质地表率超过 50%时，主要通过覆盖、叠加、置换等方式，局部降低硬质覆盖面积，同时提升绿色空间面积，例如建筑屋面、墙面绿化的软质化处理，增设道路绿色空间，以及对硬质广场和设施进行绿化等方式（图 6.3-1）。

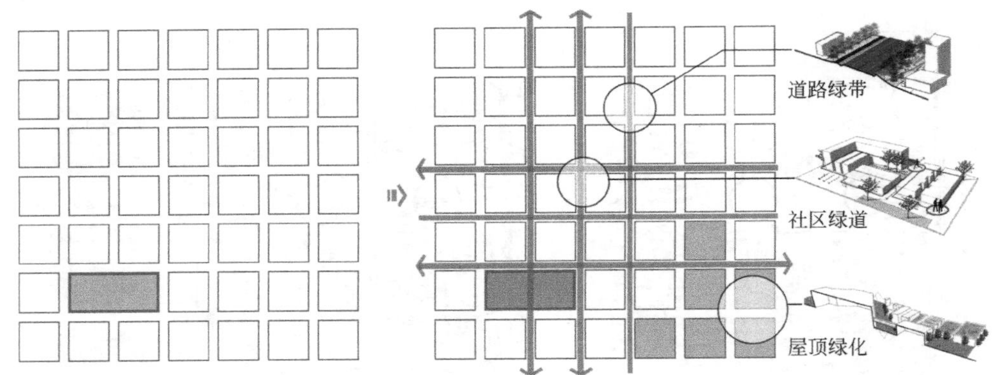

图 6.3-1 街区硬质地表率调控示意

结合街区中的主要灰色空间类型提出以下具体策略。

1. 建筑外部空间优化策略

街区中的建筑是硬化表面最主要的空间要素，其中中低层建筑在街区中占比较高，其屋顶、墙面、阳台等是可利用度较大的空间，可对其进行绿色空间的营造。建筑的屋顶绿化能较大程度地吸附滞留在大气中的颗粒物，因此能有效减缓 $PM_{2.5}$ 污染。在研究的37个街区中，已有部分街区采用了屋顶绿化，例如HF4、SH2、HZ4。在国际经典案例中，新加坡南洋理工大学艺术设计与媒体学院大楼的绿色屋顶延伸至地面，与大楼形成一个有机的整体；日本大阪的难波屋顶花园基本覆盖整个商业区。随着公园城市理念的兴起，这些建筑表皮的软化措施也是在高密度城市中减少硬化表面、增加绿色空间的重要营造方式之一，可集生态、景观、游憩等效益于一体。

2. 道路空间优化策略

道路是街区中除建筑外占比较高的空间要素，且是产生 $PM_{2.5}$ 的主要来源，在汽车尾气排放之下，要降低道路大面积硬质化表面造成的影响，需结合表层的绿化覆盖。一方面，在开敞的城市道路中，道路绿带对 $PM_{2.5}$ 具有一定的消减作用，且道路宽度一致时，不同的道路断面形式及绿化带布局会对 $PM_{2.5}$ 产生不同的影响，因此应结合道路等级进行合理的绿化带布置。而在拥挤的街道峡谷中，植物对 $PM_{2.5}$ 的影响较复杂，较高的树木不利于 $PM_{2.5}$ 的消减，而低层的绿篱能有效降低 $PM_{2.5}$ 浓度，其中涉及不同植物的孔隙率、郁闭度、疏透度等对空间形态的影响。因此，需结合道路周围环境特征进行有针对性的绿色空间布局。另一方面，随着绿道建设在城市的推进以及健康城市所倡导的城市步行化，在道路密度不变的基础上，可结合社区绿道增加慢行道的比例，同时促进道路两侧或一侧的绿廊建设。例如深圳完善的三级绿道体系，形成了5min可达的社区绿道，增加了道路上的绿色空间。此外，高架桥作为一种立体道路，可结合桥墩、桥下空间进行绿化，甚至对废弃的道路进行改造，形成穿插于城市中的线性公园，例如纽约高线公园、首尔高线公园。

6.3.2　灰色空间形态优化策略

从建筑布局对 $PM_{2.5}$ 影响的机制可知，优化街区形态、建筑布局的关键在于改善街区通风环境。

基于前文分析及文献成果的梳理，街区适以散点式更新，营造相对开敞、密度适中、高度差异大、界面变化丰富的建筑立体空间形态，以改善街区通风环境。城市街区的通风廊道是空间层级最小的一级，其规划设计首先需要与周围的城市风道系统相衔接，以便引入城市风道气流。基于现状街区特征，其风道设计的关键在于打通受阻的空间，形成连续通畅的界面，并尽量增加风道数量。在高密度的城市街区中，一方面，可利用街道、线性水体或绿地、开放空间等要素构成风道的主体部分；另一方面，可通过适当降低建筑密度、增加建筑间距，控制新建建筑高度、密度、体量，合理布置板式建筑使其避免阻挡风向等方式，营造相对连续的开放空间，即广义上的通风廊道。然而针对不同街区空间形态，风道设计也有所差异，应根据不同街区空间形态提出相应策略。在更基础的街谷层面，应重点优化底层空间形态，打破其连续的界面，疏导更多能进入街区的风场。应优化街道两侧建筑的高度、相对距离，以提高天空可视度。

针对第 5 章提到的 4 类以灰色空间形态划分的街区类型，从整体上，也可提出以下策略。（1）低层低密度型街区的建筑密度与高度均较低，具有较好的 $PM_{2.5}$ 改善功能，因此可维持目前的空间形态特征，或通过局部更新改造，进一步优化街区空间。（2）低层高密度型街区的建筑密度较高，亦导致较为闭塞的街区空间，但其建筑高度较低，可在维持目前高度不变的情况下，通过散点式拆迁改造，降低建筑密度，增加街区的开敞度。新增建筑应以较大间距置入场地，同时加大与目前建筑高度、体量的差异。（3）高层低密度型街区同样属于较优的一种空间形态，但过高的建筑高度易于产生较高的环境 $PM_{2.5}$ 浓度，因此可通过散点式更新改造，适当降低建筑高度，同时形成差异化布局。（4）对于高层高密度型街区，应先控制以及调减建筑密度，在城市更新时，基于城市风向协调高层建筑的布局。可通过底层建筑的形态缩减、优化，改善街区通风环境。

综上所述，较低的建筑密度、高度的差异化布置以及开敞的街区空间等形态有利于促进改善 $PM_{2.5}$，下面进一步从几个维度提出具体的灰色空间形态调控措施。

1. 建筑密度控制

建筑密度作为控规对街区建设密度的核心控制指标，一定程度上也反映了街区的形态特征。不同建筑密度对街区风环境的影响，造成了街区 $PM_{2.5}$ 扩散难易程度的不同。依据第 5 章的分析，3 层以下、4～9 层这两种不同高度层级的建筑密度对 $PM_{2.5}$ 浓度的增长及消减具有显著影响，这为建筑密度的调控明确了方向。建筑密度越高，$PM_{2.5}$ 增长速率越快、降低速率越慢，因此较小的建筑密度有利于减少街区 $PM_{2.5}$ 污染。

然而，通过大面积地拆除建筑来改善 $PM_{2.5}$ 不切实际，因此主要以控制、预防的方式进行调控。重点针对街区中 9 层及以下建筑进行控制，因为这些建筑是街区中建筑高度出现频率较高的类型。在建筑密度较低的街区，应降低密度，保护建筑周围的绿地与水体，有利于街区进风疏导 $PM_{2.5}$。在建筑密度较高的老旧街区、城中村，在满足城市规划调控的要求下，进行整体拆迁重建或局部拆迁更新时，应以减少建筑的团簇布局、拥挤度为原则，扩大建筑间的间距。此外，虽然 10 层及以上建筑密度与 $PM_{2.5}$ 增长、降低变化无显著关系，但仍可以进行散点式布局，适量增加高层建筑，有利于增加街区中建筑的高度差异，同时高层建筑存在的局部空间，有利于产生下冲风，促进 $PM_{2.5}$ 疏散（图 6.3-2）。

依据建筑密度（1～3 层）、建筑密度（4～9 层）与 $PM_{2.5}$ 增长、降低速率的拟合曲线，适宜将 4～9 层的建筑密度控制在 10%～15%，而 3 层以下建筑密度的变

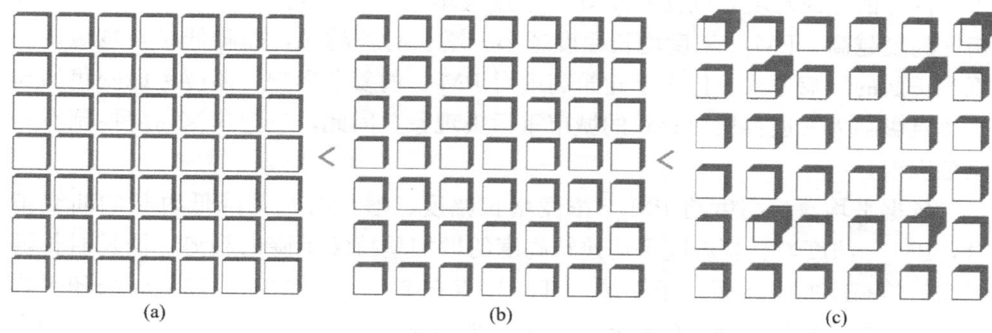

图 6.3-2 街区建筑密度调控示意

(a) 高建筑密度布局；(b) 中低建筑密度布局；(c) 中低建筑密度结合高度的差异化布局

化曲线呈持续上升或下降趋势，因此应尽量把它们控制在较低的比例。其中，3层以下对应着低层居住建筑，4～9层对应着多层及中高层居住建筑，10%～15%的建筑密度满足相应规范限定的指标。

2. 建筑容积率控制

容积率亦是控规中对街区建设强度进行管控的核心指标。当街区建筑密度一定时，容积率越大，说明建筑越高；而建筑高度一定时，容积率越大，则建筑密度也越大。因此，容积率也间接地反映了街区的形态特征。

依据第5章的分析，容积率越高，$PM_{2.5}$浓度的增长幅度越大，而降低速率越慢，因此，应控制街区的容积率至较低水平。通过容积率与$PM_{2.5}$浓度增长幅度、降低速率的曲线拟合分析可知，其增长幅度随容积率的增加呈持续上升趋势，降低速率与容积率的拟合曲线先下降后上升，容积率的临界值约为1.5。由此推测，当容积率低于1.5时，容积率主要通过建筑密度影响$PM_{2.5}$的降低速率，当容积率高于1.5时，建筑高度起主导作用。因此，容积率对$PM_{2.5}$的影响呈双面性，应同时考虑建筑密度与高度对它的影响，可将街区的容积率控制在1.5左右。在建筑高度起主导作用时，依据马西娜对不同容积率居住组团的模拟，容积率适宜控制在2.0左右。依据容积率控制经验，1.5的容积率一般对应着多层与小高层的混合搭配，而商业区往往拥有更高的容积率。

同样地，街区容积率的调控方式也主要以控制、预防为主，应从建筑密度、高度上着手进行调控。在容积率较低的街区，应控制建设强度，避免容积率再增加；在低层高密度的老旧街区，宜采用高层建筑，并以较大间距进行排布。对于容积率较高的街区，例如高层居住、中心商业区，需要对建筑高度进行合理安排，形成建筑高度差异化的空间形态。

3. 建筑高度控制

首先，平均建筑高度是街区垂直方向上建设强度的衡量指标之一，主要影响街区内部的通风环境，间接对 $PM_{2.5}$ 浓度及增减产生影响。依据第 5 章的分析，街区高度越高、$PM_{2.5}$ 浓度增长幅度越小、增长时长越长，而降低时长越短，表现为正面的影响方式。但由于建筑高度对 $PM_{2.5}$ 的复杂影响，还应考虑密集的高层建筑影响大气边界层而导致的城市重污染现象。因此，应把建筑高度控制在一定范围内。

依据平均建筑高度与 $PM_{2.5}$ 浓度增长幅度、增长时长及降低时长的曲线拟合，$PM_{2.5}$ 浓度增长幅度随平均建筑高度的增加呈持续下降的趋势；增长时长随平均建筑高度的增加而趋于平缓，其临界点在 20～30m 之间；降低时长随平均建筑高度的增加也有减缓的趋势，但未出现明显的临界点。故在街区建筑平均高度的管控中，可控制其高度为 20～30m。

在具体的调控措施中，应针对不同建筑高度水平的街区实施不同的调控策略。对于以 1～3 层建筑为主的街区，由于低层建筑不易引起较高的 $PM_{2.5}$ 污染，无需特意增加建筑高度，仅需确保其密度适中，避免较高建筑密度导致街区通风不畅。对于以 4～9 层建筑为主的街区，建筑高度基本满足上述提及的高度标准，亦无需进行较大的建筑高度调整。对于 10 层及以上的高层建筑数量较多的街区，应确保建筑之间存在充足的间距，同时应尽量增加其迎风面的透风度。可在建筑不同的高度位置、裙房与主体建筑间留出通风口。尤其是底层的裙房，应打破连续封闭的界面，保证一定数量的通风口，形成横向的风道，促进 $PM_{2.5}$ 扩散（图 6.3-3）。

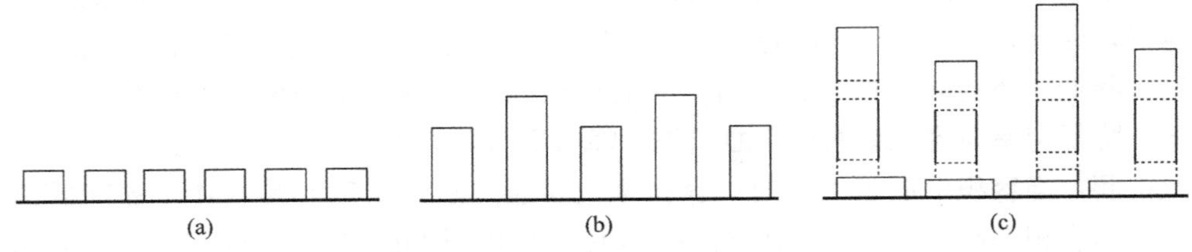

图 6.3-3　街区建筑高度调控示意

（a）3 层及以下建筑高度及间距控制；（b）4～9 层建筑高度及间距控制；
（c）10 层及以上建筑布局及通风口设置

其次，建筑高度标准差表示街区不同建筑的差异程度，可反映建筑在竖向上的高低错落形态，亦通过影响街区的通风环境而影响 $PM_{2.5}$ 的扩散。依据第 5 章的分析，街区建筑高度差异较大，仅在中度污染时，有利于减缓 $PM_{2.5}$ 浓度的增长速率，在轻度污染及整体污染水平下起着负面作用。然而，既往研究普遍采用 CFD 模拟，得到差异较大的建筑高度布置有利于消减 $PM_{2.5}$ 的结论，说明现实中建筑高度差异化引起的 $PM_{2.5}$ 变化十分复杂。因此，结合本研究结果与已有成果，本书倾向于布局街区高度差异化较大的竖向空间形态，利用建筑间的高度差异形成的流场，提高街区的通风效果。

该调控策略应用于城市更新时，应注重不同高度建筑的合理布局；在新建小区时，也应避免同等高度建筑的重复性。在建筑高度非均匀化的基础上，采用不同高度建筑的错列式布局更合适，与行列式布局相比，这种布局方式对 $PM_{2.5}$ 的减缓作用更大（图 6.3-4）。此外，建筑高度的布局还需考虑风向、污染源位置等因素。在街区上风向有污染源时，较高建筑适宜布局在上风向，而较低建筑适宜布局在下风向，有利于阻挡 $PM_{2.5}$ 进入街区。

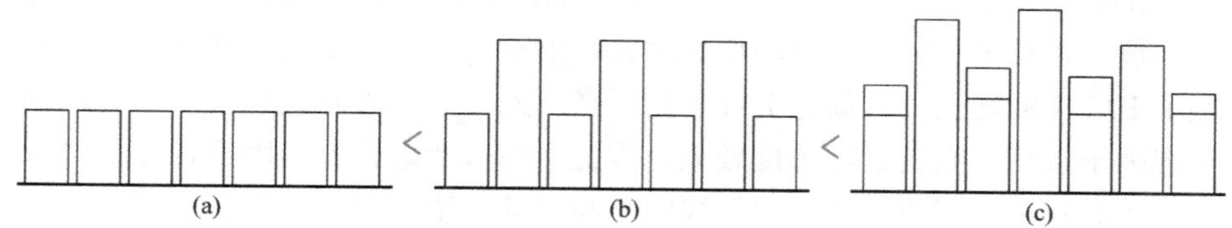

图 6.3-4　街区建筑高度差异调控示意

（a）建筑高度均匀性布局；（b）建筑高度非均匀性的行列式布局；（c）建筑高度非均匀性的错落式布局

4. 建筑空间布局优化

建筑体量的差异与街区开阔度均会影响 $PM_{2.5}$ 的增长或消减，而二者之间亦存在一定的联系，共同构成了街区建成环境中的建筑组合与空间布局。

首先，在建筑体量均匀度方面，采用非均匀的体量分配有利于减小 $PM_{2.5}$ 浓度的增长速率，提高其降低速率。建筑体量的大小往往与其性质相关联，一般而言，居住建筑体量较小，且形态较为规则，主要为板式、点式，而商业建筑的体量大小不一，如大型商业综合体、小型的临街商铺等。在居住类街区，虽然住宅建筑体量较为均等，但仍可以采取点式、板式等不同形式建筑的组合布局，尽量增大街区的建筑均匀度指数。在商业街区及商住混合街区，可以对商业建筑体量进行合理把控，加大商、住建筑体量间的差异（图 6.3-5）。此外，建筑体量的布局还应结合建筑高度等进行综合考虑，从而得到更有效的布局方案。

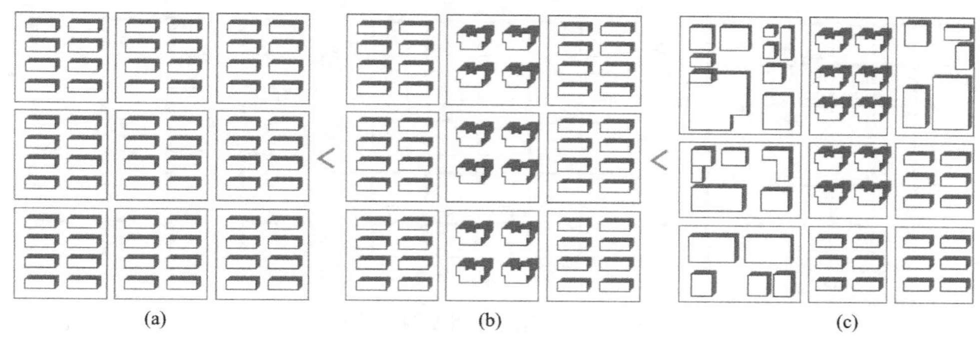

图 6.3-5　街区建筑体量均匀度调控示意

（a）建筑体量均匀性布局；（b）建筑高度及间距控制；（c）建筑体量非均匀性布局

从建筑体量差异与 $PM_{2.5}$ 增长速率、降低速率的曲线变化及拟合曲线结果来看，建筑均匀度指数对 $PM_{2.5}$ 的作用随其增大而逐渐趋缓，建筑均匀度指数的临界值约为 0.02，因此可将建筑均匀度指数控制在约 0.02。这个值与研究街区样本中的 SH4、HZ2 接近。

其次，街区开阔度方面，天空可视因子对 $PM_{2.5}$ 浓度增长、降低的影响较复杂，当天空可视因子较低时，街区较封闭的空间不利于形成良好的通风，抑制了 $PM_{2.5}$ 浓度的增长幅度；而天空可视因子较高时，街区开阔的空间形成了良好的通风环境，延长了 $PM_{2.5}$ 浓度的增长时长，缩短了 $PM_{2.5}$ 浓度的降低时长，同样抑制了 $PM_{2.5}$ 的增长，并促进 $PM_{2.5}$ 的下降。此外，从既有成果来看，空间的天空可视因子较高，则其 PM 浓度较低。因此，综合考虑各方面因素，建议将天空可视因子调控至较高值。从天空可视因子与 $PM_{2.5}$ 浓度的降低时长来看，当天空可视因子小于 0.5 时，对 $PM_{2.5}$ 的作用较平缓，因此可将天空可视因子控制在 0.5 以上，尤其在 0.50～0.55 之间，$PM_{2.5}$ 浓度的增长幅度较低。

由于建筑间的间距及高度是影响天空可视因子的主要因素，因此在具体的调控措施上，应侧重于对这些细节的把控。对于低层高密度的老旧街区，在街区更新改造时，不论是局部散点拆除，还是连片拆除的方式，其重点在于增加建筑间的间距，降低建筑密度。对于商业街区，可减小底层裙房的面积，增加其间的间隙，将减少的面积分摊到裙房或塔楼，适当增加它们的高度。对于新建街区，也应注重建筑之间应保有合理的间距，以保证天空可视因子大于 0.5（图 6.3-6）。

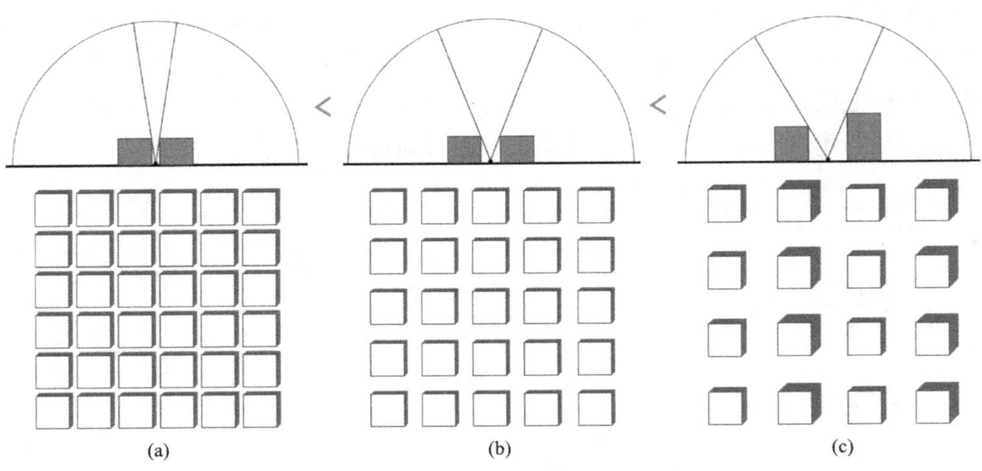

图 6.3-6　街区开阔度调控示意

(a) 低街区开阔度；(b) 中等街区开阔度；(c) 高街区开阔度

5. 道路形态优化

在灰色空间规模调控策略中，已探讨了基于道路表层绿化覆盖的调控模式，而基于道路形态优化的模式，依据历史经验及部分研究成果，紧凑路网优于稀疏路网，因此适宜以“小街区、密路网”的布局形态构建街区骨架，同时提高街区中支路与次干道的比例。该路网形态不仅能引导更多的城市“穿堂风”穿过街巷，疏散 $PM_{2.5}$，也有利于缓解街区的交通压力，避免拥堵，减少汽车尾气排放，间接地改善街区的空气质量。

受到历史发展的影响，我国城市的路网结构正经历着“大街廓树形结构—小街廓网格结构—大街廓树形结构—大小街廓混杂”的循环变迁过程。因此，在城市的不同路网结构中，以树形结构与网格结构居多。其中，网格状路网连通性较高，而树形结构多以尽端路的形式出现，因此在具体空间策略上，需结合现状街区建筑布局环境，连接尽端路、T形路，增加道路的连通性与道路密度，同时考虑绿地建设的可能性。可利用“单向二分路”代替中央超宽主干路，不仅能增加道路数量，营造中部的绿色开放空间，同时能承担更多的交通流量。然而，路网密度过高，则会增加负面效果，需要营造网络化的步行与骑行空间，或结合机动车道进行生态改造，增设步行道或骑行道，控制机动车流量，增加步行与骑行的可能性（图6.3-7）。

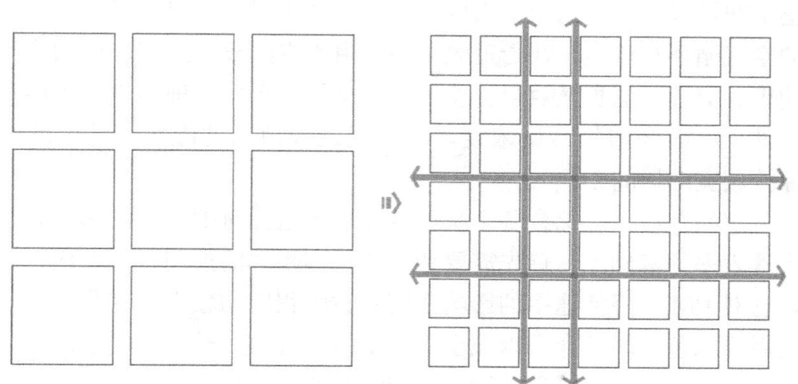

图6.3-7　街区道路密度调控示意

虽然本研究中的道路密度与 $PM_{2.5}$ 浓度的降低幅度呈负相关关系，但从道路密度与 $PM_{2.5}$ 浓度降低幅度的分段变化规律来看，当道路密度低于 $20km/km^2$ 时，$PM_{2.5}$ 浓度的降低幅度随其增加呈增加的趋势，当道路密度高于 $20km/km^2$ 时，$PM_{2.5}$ 浓度的降低幅度明显下降。因此，可将街区的道路密度控制在约 $20km/km^2$。

6.4 街区绿色空间与灰色空间的整合协调

街区绿色空间、灰色空间的不同规模形态会对 $PM_{2.5}$ 产生不同的影响，而现实环境中灰绿空间交织后形成复杂环境，因此不能单一地考虑某个形态的调控，应综合协调各个规模及形态指标。如何整合街区的灰、绿空间，使其达到较大的 $PM_{2.5}$ 改善作用，是落实实际管控的关键。

合理的用地结构是城市生态环境的重要保障，而街区的用地是城市用地可持续发展的基础。不论是城市尺度还是街区尺度的用地结构，国家均倡导复合、紧凑、集约的土地利用方式。街区的功能混合一方面提高了土地利用效率，有利于绿地、水体等发挥的生态效应渗入街区内部，缓解 $PM_{2.5}$ 污染；另一方面有利于促进人们出行，减少机动车污染，间接提高了街区的健康环境。

在绿色空间布局上，综合各个绿色空间形态指标对 $PM_{2.5}$ 的影响，核心对 $PM_{2.5}$ 多个增长、降低变化指标的贡献相对较高，可作为首要进行调控的对象，形成以较大规模的核心作为基底的街区绿色空间构架。绿色空间作为街区净化 $PM_{2.5}$ 的区域，应考虑它与道路、建筑之间的关系。规模较大的绿色空间应置于城市盛行风的下风向，有利于将街区道路上产生的 $PM_{2.5}$ 进行稀释、消减。将开放的绿色空间设置在密集的城市街区中，也有助于引入新风，形成局部流场，促进街区的空气循环和流通。在街道峡谷中，由于空间较为封闭，植物的形态及布局会影响街谷 $PM_{2.5}$ 的扩散效果。鉴于高密度植物形成的郁闭空间不能形成良好的通风条件，反而会增加污染浓度，因此建议种植高孔隙率、低密度的树冠植物，并保持较宽的树间距。

在灰色空间布局上，综合各个灰色空间形态指标对 $PM_{2.5}$ 的影响，在控制较小的硬质地表率的基础上，首先需要考虑建筑容积率的控制，尤其应注重低层建筑密度，它对 $PM_{2.5}$ 降低速率的影响强度及贡献程度均较大。在具体的空间布局上，往往需要绿色空间的介入以减小灰色空间的规模。其中，屋顶绿化、垂直绿化、道路绿化、绿色街道等是灰绿空间相结合的典型代表，例如前文提及的新加坡、日本城市中的公共建筑屋顶花园、纽约线性公园。在城市街区中，可借鉴这些空间的处理方式，通过精细化的景观设计，营造精致的街区空间场所。

第7章　总结

“十三五”期间，“雾霾”引起了我国社会的强烈关注，并成为未来很长一段时间内需要解决的问题。以 $PM_{2.5}$ 为首要污染物的大气污染，是我国及许多发展中国家的城市所面临的普遍问题。相关研究证实，城市街区之间存在着 $PM_{2.5}$ 浓度分布的较大差异，而街区建成环境与这些差异紧密相关。街区作为城市的肌理单元，又是规划、设计与管理能够有效调控的对象。深入解析街区建成环境与 $PM_{2.5}$ 污染差异的相互关系，在规划管控中具有良好的实践意义与应用价值。然而，目前关于构成城市肌理的普遍街区建成环境与 $PM_{2.5}$ 的研究相对较少，也缺乏对不同污染程度建成环境影响的差异性与 $PM_{2.5}$ 动态变化的关注。

本书以我国夏热冬冷的代表地区长江中下游为例，依托区域中的 5 个特大及超大城市（武汉、合肥、南京、上海、杭州），从构成城市肌理的街区出发，以监测大气颗粒物污染的城市点为中心形成 1km 空间单元，探讨以绿色空间及灰色空间为主的街区建成环境对 $PM_{2.5}$ 的影响，从而提出改善大气颗粒物污染的街区空间环境策略。

首先，探讨了街区 $PM_{2.5}$ 空间分布特征及差异。在 $PM_{2.5}$ 浓度方面，不同城市的街区 $PM_{2.5}$ 浓度呈现不一致的空间格局，基本上，不同街区间的 $PM_{2.5}$ 浓度在城市整体浓度上下浮动，浮动区间随污染程度的增加呈减小趋势，最大可达 79%～123%（南京）。$PM_{2.5}$ 相对指标也具有差异性，但呈显著差异的街区较少。在绝对差异方面，各城市 $PM_{2.5}$ 浓度的差异随污染程度的增加而呈增加趋势，$PM_{2.5}$ 相对指标在重度污染时的差异普遍显著高于其他污染程度。在相对差异方面，各城市的 $PM_{2.5}$ 浓度均在空气质量为优时具有最大的差异，随着污染程度的增加，$PM_{2.5}$ 浓度差异呈缓慢减小的趋势。$PM_{2.5}$ 相对指标的差异呈现较稳定与一致的规律特征，基本随污染程度的增加而增加。

其次，探讨了街区绿色空间对 $PM_{2.5}$ 的影响。绿色空间规模方面，在 1000m×1000m 街区尺度，绿化覆盖率与整体污染水平、优、良、轻度污染时的 $PM_{2.5}$ 浓度显著负相关，而与中度、重度污染时的 $PM_{2.5}$ 浓度相关不显著，但仍为负相关关系，其中，$PM_{2.5}$ 浓度与树木覆盖率的相关性强于草地覆盖率。绿化覆盖率对 $PM_{2.5}$ 浓度的作用规律为非线性，在绿化覆盖率较低时，较小幅度提升其值，可

较大地降低 $PM_{2.5}$ 的浓度，随着绿化覆盖率的增加，$PM_{2.5}$ 浓度的下降逐渐趋缓。800m×800m、1000m×1000m 是绿化覆盖率与 $PM_{2.5}$ 浓度相关性最强、出现频率较高的两个街区尺度，可作为规划管理中的调控尺度。在绿色空间形态方面，七类 MSPA 要素均对 $PM_{2.5}$ 增长、降低具有显著影响，街区中存在较多的核心、桥接时，有利于促进 $PM_{2.5}$ 浓度的下降，抑制 $PM_{2.5}$ 浓度的增长；而街区中存在较多的边缘、孤岛、孔隙时，则起到相反作用，环线与分支对 $PM_{2.5}$ 的影响较不稳定。在七类 MSPA 要素中，核心对 $PM_{2.5}$ 的增长或消减相对贡献更大。即使在 MSPA 要素中占比较低的环线、孔隙等要素，小幅度地提升其比例，也能对 $PM_{2.5}$ 起到较大作用。

最后，探讨了街区灰色空间对 $PM_{2.5}$ 的影响。在灰色空间规模方面，在1000m×1000m 街区尺度，硬质地表率与整体污染水平、优、良、轻度污染时的 $PM_{2.5}$ 浓度显著正相关，而中度、重度污染时与 $PM_{2.5}$ 浓度的相关性不显著，但仍为正相关关系，其相关性也随街区尺度的减小而减小。硬质地表率对 $PM_{2.5}$ 浓度的作用规律为非线性，结合不同污染程度，当其值约为 45%时，对 $PM_{2.5}$ 具有微小的减缓作用；而约为 45%时，$PM_{2.5}$ 浓度随其增加而增加，且增加的幅度逐渐增大。在灰色空间形态方面，街区较高的建筑密度、容积率、道路密度可促进 $PM_{2.5}$ 浓度的增长，而不利于其下降，较高的平均建筑高度、建筑均匀度指数则起到相反作用，天空可视因子对 $PM_{2.5}$ 的影响具有两面性，可同时促进其增长与降低，建筑高度标准差对 $PM_{2.5}$ 增降变化的影响具有污染程度的差异。因此，降低建筑密度、容积率，增加街区开阔度，有利于改善街区 $PM_{2.5}$。其中，建筑密度（1～3 层）对 $PM_{2.5}$ 降低速率的强度高于建筑密度（4～9 层），平均建筑高度、建筑高度标准差的影响强度接近。容积率对 $PM_{2.5}$ 的增长及消减均相对贡献最大，天空可视因子对 $PM_{2.5}$ 的增长贡献较大，对其降低贡献较弱，其余指标的贡献度较接近。

基于上述分析，本书提出以下改善 $PM_{2.5}$ 的街区建成环境优化策略。在绿色空间方面，应尽量利用街区有限的空间增加绿化覆盖率，可通过不同 MSPA 要素之间的转化，形成点、线、面一体的微绿网结构。新增或连接邻近的核心，加大核心占比（增至约 30%），减少大规模绿色空间的破碎度，同时避免其内部的人工干扰，构建面状绿色空间，形成微绿网的大本底。通过孤岛的扩容形成核心、桥接等其他要素，从而减少孤岛比例（控制约 2%），降低小规模绿色空间的破碎度，构建点状绿色空间。加强面状空间之间的连接，增加桥接比例，适度控制环线、分支比例（约 1.5%），构建绿色空间的线性廊道，增强绿色空间整体的连通性。在灰色空间方面，需通过叠加、覆盖等方式减小硬质地表率，营造密度和强度适中、相对开敞的街区空间。具体表现为，控制较低的建筑密度（尤其是 9 层及以下），其中，4～9 层建筑密度建议控制在 10%～15%，该值也满足相应规范限定的值。控制街区建设强度，建议容积率取为1.5，一般对应着多层与小高层的混合搭配。街区平均建筑高度可控制在20～30m，并应加大建筑高度之间的差异，形成错落式布局。在建筑空间布局上，应尽量增大建筑体量间的差异，增加街区开阔度，建议天空可视因子取为0.50～0.55。建议把道路密度控制在20km/km^2，增加次干道与分支的比例，以控制交通流量，同时考虑步行道、骑行道的设置。

参考文献

[1] Yang D Y, Ye C, Wang X M, et al. Global distribution and evolvement of urbanization and $PM_{2.5}$ (1998—2015) [J]. Atmospheric Environment, 2018, 182: 171-178.

[2] Wang X J, Zhang L L, Yao Z J, et al. Ambient coarse particulate pollution and mortality in three Chinese cities: association and attributable mortality burden [J]. Science of the Total Environment, 2018, 628-629: 1037-1042.

[3] Zou B, Chen J W, Zhai L, et al. Satellite based mapping of ground $PM_{2.5}$ concentration using generalized additive modeling [J]. Remote Sensing, 2017, 9 (1): 1-16.

[4] Cao G, Zhang X, Gong S, et al. Emission inventories of primary particles and pollutant gases for China [J]. Chinese Science Bulletin, 2011, 56 (8): 781-788.

[5] Xu L Z, Batterman S, Chen F, et al. Spatiotemporal characteristics of $PM_{2.5}$ and PM_{10} at urban and corresponding background sites in 23 cities in China [J]. Science of the Total Environment, 2017, 599-600: 2074-2084.

[6] Zhou C S, Chen J, Wang S J. Examining the effects of socioeconomic development on fine particulate matter ($PM_{2.5}$) in China's cities using spatial regression and the geographical detector technique [J]. Science of the Total Environment, 2018, 619-620: 436-445.

[7] Song C B, Wu L, Xie Y C, et al. Air pollution in China: status and spatiotemporal variations [J]. Environmental Pollution, 2017, 227: 334-347.

[8] Fan S X, Li X P, Han J, et al. Field assessment of the impacts of landscape structure on different-sized airborne particles in residential areas of Beijing, China [J]. Atmospheric Environment, 2017, 166: 192-203.

[9] Yuan M, Song Y, Huang Y P, et al. Exploring the association between the built environment and remotely sensed $PM_{2.5}$ concentrations in urban areas [J]. Journal of Cleaner Production, 2019, 220: 1014-1023.

[10] Lu D B, Mao W L, Yang D Y, et al. Effects of land use and landscape pattern on $PM_{2.5}$ in Yangtze River Delta, China [J]. Atmospheric Pollution Research, 2018, 9 (4): 705-713.

[11] Wu J S, Li J C, Peng J, et al. Applying land use regression model to estimate spatial variation of $PM_{2.5}$ in Beijing, China [J]. Environmental Science and Pollution Research, 2015, 22: 7045-7061.

[12] Wu H T, Yang C, Chen J, et al. Effects of green space landscape patterns on particulate matter in Zhejiang Province, China [J]. Atmospheric Pollution Research, 2018, 9 (5): 923-933.

[13] 雷雅凯，段彦博，马格，等．城市绿地景观格局对 $PM_{2.5}$、PM_{10} 分布的影响及尺度效应 [J]. 中国园林，2018，34 (7)：98-103.

[14] Weich S, Burton E, Blanchard M, et al. Measuring the built environment: validity of a site survey instrument for use in urban settings [J]. Health & Place, 2001, 7 (4): 283-292.

[15] Handy S, Cao X Y, Mokhtarian P. Neighborhood design and children's outdoor play: evidence from Northern California [J]. Children, Youth and Environments, 2008, 18 (2): 160-179.

[16] 杨振山，张慧，丁悦，等．城市绿色空间研究内容与展望 [J]. 地理科学进展，2015，34 (1)：18-29.

[17] Kabisch N, Haase D. Green spaces of European cities revisited for 1990—2006 [J]. Landscape and

Urban Planning，2013，110：113-122.

[18] Mensah C A. Urban green spaces in Africa：nature and challenges [J]. International Journal of Ecosystem，2014，4 (1)：1-11.

[19] Chen X Y，Shao S，Tian Z H，et al. Impacts of air pollution and its spatial spillover effect on public health based on China's big data sample [J]. Journal of Cleaner Production，2017，142 (2)：915-925.

[20] Fontes T，Li P L，Barros N，et al. Trends of $PM_{2.5}$ concentrations in China：a long term approach [J]. Journal of Environmental Management，2017，196：719-732.

[21] Ye W F，Ma Z Y，Ha X Z. Spatial-temporal patterns of $PM_{2.5}$ concentrations for 338 Chinese cities [J]. Science of the Total Environment，2018，631-632：524-533.

[22] Ma X Y，Jia H L，Sha T，et al. Spatial and seasonal characteristics of particulate matter and gaseous pollution in China：implications for control policy [J]. Environmental Pollution，2019，248：421-428.

[23] 郑景云，尹云鹤，李炳元．中国气候区划新方案 [J]. 地理学报，2010，65 (1)：3-12.

[24] 郑毅．城市规划设计手册 [M]. 北京：中国建筑工业出版社，2000.

[25] Zhao C J，Fu G B，Liu X M，et al. Urban planning indicators，morphology and climate indicators：a case study for a north-south transect of Beijing，China [J]. Building and Environment，2011，46 (5)：1174-1183.

[26] 李招成．城市街廓形态指标体系研究——以1000m×1000m切片为例 [D]. 南京：南京大学，2016.

[27] Jelinski D E，Wu J G. The modifiable areal unit problem and implications for landscape ecology [J]. Landscape Ecology，1996，11 (3)：129-140.

[28] Cervero R，Kockelman K. Travel demand and the 3Ds：density，diversity，and design [J]. Transportation Research Part D：Transprt and Environment，1997，2 (3)：199-219.

[29] 陈佩杰，翁锡全，林文弢．体力活动促进型的建成环境研究：多学科、跨部门的共同行动 [J]. 体育与科学，2014，35 (1)：22-29.

[30] Cleland C，Reis R S，Ferreira Hino A A，et al. Built environment correlates of physical activity and sedentary behaviour in older adults：a comparative review between high and low-middle income countries [J]. Health & Place，2019，57：277-304.

[31] Fan S X，Li X P，Dong L. Field assessment of the effects of land-cover type and pattern on PM_{10} and $PM_{2.5}$ concentrations in a microscale environment [J]. Environmental Science and Pollution Research，2019，26：2314-2327.

[32] 王兰，蒋希冀，孙文尧，等．城市建成环境对呼吸健康的影响及规划策略——以上海市某城区为例 [J]. 城市规划，2018，42 (6)：15-22.

[33] 王纪武，王炜．城市街道峡谷空间形态及其污染物扩散研究——以杭州市中山路为例 [J]. 城市规划，2010，34 (12)：57-63.

[34] Wu J S，Xie W D，Li W F，et al. Effects of urban landscape pattern on $PM_{2.5}$ pollution—a Beijing case study [J]. Plos One，2015，10 (11)：1-20.

[35] 邵锋，钱思思，孙丰宾，等．杭州市区春季绿地对 $PM_{2.5}$ 消减作用的研究 [J]. 风景园林，2017，24 (5)：79-86.

[36] Edussuriya P，Chan A，Ye A. Urban morphology and air quality in dense residential environments in Hong Kong. Part Ⅰ：district-level analysis [J]. Atmospheric Environment，2011，45 (27)：

4789-4803.

[37] Jeanjean A P R, Monks P S, Leigh R J. Modelling the effectiveness of urban trees and grass on $PM_{2.5}$ reduction via dispersion and deposition at a city scale [J]. Atmospheric Environment, 2016, 147: 1-10.

[38] 余梓木．基于遥感和 GIS 的城市颗粒物污染分布初步研究和探讨 [D]. 南京：南京气象学院，2004.

[39] Buccolieri R, Gromke C, Di Sabatino S, et al. Aerodynamic effects of trees on pollutant concentration in street canyons [J]. Science of the Total Environment, 2009, 407 (19): 5247-5256.

[40] Feng H H, Zou B, Tang Y M. Scale-and region-dependence in landscape-$PM_{2.5}$ correlation: implications for urban planning [J]. Remote Sensing, 2017, 9 (9): 918.

[41] 王兰，赵晓菁，蒋希冀，等．颗粒物分布视角下的健康城市规划研究——理论框架与实证方法 [J]. 城市规划，2016，40 (9)：39-48.

[42] McCarty J, Kaza N. Urban form and air quality in the United States [J]. Landscape and Urban Planning, 2015, 139: 168-179.

[43] Rodríguez M C, Dupont-Courtade L, Oueslati W. Air pollution and urban structure linkages: evidence from European cities [J]. Renewable and Sustainable Energy Reviews, 2016, 53: 1-9.

[44] Yuan M, Huang Y P, Shen H F, et al. Effects of urban form on haze pollution in China: spatial regression analysis based on $PM_{2.5}$ remote sensing data [J]. Applied Geography, 2018, 98: 215-223.

[45] Shi Y, Xie X L, Fung J C H, et al. Identifying critical building morphological design factors of street-level air pollution dispersion in high-density built environment using mobile monitoring [J]. Building and Environment, 2018, 128: 248-259.

[46] Handy S L, Boarnet M G, Ewing R, et al. How the built environment affects physical activity: views from urban planning [J]. American Journal of Preventive Medicine, 2002, 23 (2S): 64-73.

[47] 李锋，王如松，赵丹．基于生态系统服务的城市生态基础设施：现状、问题与展望 [J]. 生态学报，2014，34 (1)：190-200.

[48] 张磊，宋彦．城市街区的建成环境与共享单车出行关系的研究——以深圳为例 [J]. 现代城市研究，2019，34 (10)：102-108.

[49] 张进，陈健．高交通密度道路周边乔灌草型绿地对大气颗粒物的影响 [J]. 环境污染与防治，2019，41 (9)：1094-1097.

[50] Abhijith K V, Kumar P, Gallagher J, et al. Air pollution abatement performances of green infrastructure in open road and built-up street canyon environments-a review [J]. Atmospheric Environment, 2017, 162: 71-86.

[51] 戴菲，陈明，傅凡，等．基于城市空间规划设计视角的颗粒物空气污染控制策略研究综述 [J]. 中国园林，2019，35 (2)：75-80.

[52] 于静，张志伟，蔡文婷．城市规划与空气质量关系研究 [J]. 城市规划，2011，35 (12)：51-56.

[53] 苏维，赖新云，赖胜男，等．南昌市城市空气 $PM_{2.5}$ 和 PM_{10} 时空变异特征及其与景观格局的关系 [J]. 环境科学学报，2017，37 (7)：2431-2439.

[54] 许珊，邹滨，蒲强，等．土地利用/覆盖的空气污染效应分析 [J]. 地球信息科学学报，2015，17 (3)：290-299.

[55] She Q N, Peng X, Xu Q, et al. Air quality and its response to satellite-derived urban form in theYangtze River Delta, China [J]. Ecological Indicators, 2017, 75: 297-306.

[56] 李萍，王松，王亚英，等．城市道路绿化带"微峡谷效应"及其对非机动车道污染物浓度的影响

[J]. 生态学报，2011，31（10）：2888-2896.

[57] 牟浩．城市道路绿带宽度对空气污染物的削减效率研究 [D]. 武汉：华中农业大学，2013.

[58] Aristodemou E，Boganegra L M，Mottet L，et al. How tall buildings affect turbulent air flows and dispersion of pollution within a neighbourhood [J]. Environmental Pollution，2018，233：782-796.

[59] Park S J，Kim J J，Kim M J，et al. Characteristics of flow and reactive pollutant dispersion in urban street canyons [J]. Atmospheric Environment，2015，108：20-31.

[60] 王纪武，张晨，冯余军．街谷空气污染研究评述及城市规划应对框架 [J]. 城市发展研究，2012，19（5）：82-87.

[61] 邱巧玲，王凌．基于街道峡谷污染机理的城市街道几何结构规划研究 [J]. 城市发展研究，2007，14（4）：78-82.

[62] 左长安，邢丛丛，董睿，等．伦敦雾霾控制历程中的城市规划与环境立法 [J]. 城市规划，2014，38（9）：51-56，63.

[63] 陈宇峰．基于气候特异性的北京城区楔形绿地体系构建 [D]. 北京：北京林业大学，2015.

[64] 赵红斌，刘晖．盆地城市通风廊道营建方法研究——以西安市为例 [J]. 中国园林，2014，30（11）：32-35.

[65] 孙瑞丰，刘媛媛．基于雾霾影响下的城市生态用地布局重构浅析——以郑州市为例 [J]. 吉林建筑大学学报，2016，33（2）：75-78.

[66] 张纯，张世秋．大都市圈的城市形态与空气质量研究综述：关系识别和分析框架 [J]. 城市发展研究，2014，21（9）：47-53.

[67] Anderson W P，Kanaroglou P S，Miller E J. Urban form energy and the environment：a review of issues，evidence and policy [J]. Urban Studies，1996，33（1）：7-35.

[68] Liu Y P，Wu J G，Yu D Y，et al. The relationship between urban form and air pollution depends on seasonality and city size [J]. Environmental Science and Pollution Research，2018，25（16）：15554-15567.

[69] 宋彦，钟绍鹏，章征涛，等．城市空间结构对 $PM_{2.5}$ 的影响——美国夏洛特汽车排放评估项目的借鉴和启示 [J]. 城市规划，2014，38（5）：9-14.

[70] 郭佳星．城市形态与空气质量关联性研究框架 [J]. 建设科技，2015（18）：58-60，65.

[71] 周滔，李静．我国城市街区单元平面形态的演替：现状、动因及规律 [J]. 人文地理，2014，29（5）：56-62.

[72] Chen M，Dai F，Yang B，et al. Effects of neighborhood green space on $PM_{2.5}$ mitigation：evidence from five megacities in China [J]. Building and Environment，2019，156：33-45.

[73] Chen M，Dai F，Yang B，et al. Effects of urban green space morphological pattern on variation of $PM_{2.5}$ concentration in neighborhoods of five Chinese megacities [J]. Building and Environment，2019，158：1-15.

[74] He J J，Gong S L，Yu Y，et al. Air pollution characteristics and their relation to meteorological conditions during 2014—2015 in major Chinese cities [J]. Environmental Pollution，2017，223：484-496.

[75] Haq S M A. Urban green spaces and an integrative approach to sustainable environment [J]. Journal of Environmental Protection，2011，2（5）：601-608.

[76] Eisenman T S，Churkina G，Jariwala S P，et al. Urban trees，air quality，and asthma：an interdisciplinary review [J]. Landscape and Urban Planning，2019，187：47-59.

[77] 戴菲，陈明，朱晟伟，等．街区尺度不同绿化覆盖率对 PM_{10}、$PM_{2.5}$ 的消减研究——以武汉主城区

为例 [J]. 中国园林，2018，34 (3)：105-110.

[78] Dadvand P，Rivas I，Basagaña X，et al. The association between greenness and traffic-related air pollution at schools [J]. Science of the Total Environment，2015，523：59-63.

[79] 孙敏，陈健，林鑫涛，等 . 城市景观格局对 $PM_{2.5}$ 污染的影响 [J]. 浙江农林大学学报，2018，35 (1)：135-144.

[80] Cavanagh J A E，Zawar-Reza P，Wilson J G. Spatial attenuation of ambient particulate matter air pollution within an urbanised native forest patch [J]. Urban Forestry & Urban Greening，2009，8 (1)：21-30.

[81] Nowak D J，Crane D E，Stevens J C. Air pollution removal by urban trees and shrubs in the United States [J]. Urban Forestry & Urban Greening，2006，4 (3-4)：115-123.

[82] Yang J B，Liu H N，Sun J N. Evaluation and application of an online coupled modeling system to assess the interaction between urban vegetation and air quality [J]. Aerosol and Air Quality Research，2018，18 (3)：693-710.

[83] Yang J，Yu Q，Gong P. Quantifying air pollution removal by green roofs in Chicago [J]. Atmospheric Environment，2008，42 (31)：7266-7273.

[84] Bagheri Z，Nadoushan M A，Abari M F. Evaluation the effect of green space on air pollution dispersion using satellite images and landscape metrics：a case study of Isfahan city [J]. Fresenius Environmental Bulletin，2017，26 (12)：8135-8145.

[85] Soille P，Vogt P. Morphological segmentation of binary patterns [J]. Pattern Recognition Letters，2009，30 (4)：456-459.

[86] Vogt P，Ferrari J R，Lookingbill T R，et al. Mapping functional connectivity [J]. Ecological Indicators，2009，9 (1)：64-71.

[87] Xie M M，Gao Y，Cao Y K，et al. Dynamics and temperature regulation function of urban green connectivity [J]. Journal of Urban Planning and Development，2015，141 (3)：A5014008.

[88] João E. How scale affects environmental impact assessment [J]. Environmental Impact Assessment Review，2002，22 (4)：289-310.

[89] 吴志萍，王成，侯晓静，等 . 6 种城市绿地空气 $PM_{2.5}$ 浓度变化规律的研究 [J]. 安徽农业大学学报，2008，35 (4)：494-498.

[90] Jayasooriya V M，Ng A W M，Muthukumaran S，et al. Green infrastructure practices for improvement of urban air quality [J]. Urban Forestry & Urban Greening，2017，21：34-47.

[91] Leung D Y C，Tsui J K Y，Chen F，et al. Effects of urban vegetation on urban air quality [J]. Landscape Research，2011，36 (2)：173-188.

[92] Freer-Smith P H，Beckett K P，Taylor G. Deposition velocities to Sorbus aria，Acer campestre，Populus deltoides × trichocarpa 'Beaupré'，Pinus nigra and × Cupressocyparis leylandii for coarse，fine and ultra-fine particles in the urban environment [J]. Environmental Pollution，2005，133 (1)：157-167.

[93] Ng W Y，Chau C K. Evaluating the role of vegetation on the ventilation performance in isolated deep street canyons [J]. International Journal of Environment and Pollution，2012，50 (1-4)：98-110.

[94] Gromke C，Ruck B. Pollutant concentrations in street canyons of different aspect ratio with avenues of trees for various wind directions [J]. Boundary—Layer Meteorology，2012，144：41-64.

[95] Buccolieri R，Salim S M，Leo L S，et al. Analysis of local scale tree-atmosphere interaction on pollu-

tant concentration in idealized street canyons and application to a real urban junction [J]. Atmospheric Environment，2011，45 (9)：1702-1713.

[96] Yin C H，Yuan M，Lu Y P，et al. Effects of urban form on the urban heat island effect based on spatial regression model [J]. Science of the Total Environment，2018，634：696-704.

[97] Li C，Wang Z Y，Li B，et al. Investigating the relationship between air pollution variation and urban form [J]. Building and Environment，2019，147：559-568.

[98] Shi Y，Lau K K L，Ng E. Developing street-level $PM_{2.5}$ and PM_{10} land use regression models in high-density Hong Kong with urban morphological factors [J]. Environmental Science & Technology，2016，50 (15)：8178-8187.

[99] Silva L T，Monteiro J P. The influence of urban form on environmental quality within a medium-sized city [J]. Procedia Engineering，2016，161：2046-2052.

[100] 马品．基于遥感和 CFD 的微环境中 $PM_{2.5}$ 浓度分布的监测与模拟研究 [D]. 上海：华东师范大学，2017.

[101] 冯悦怡，胡潭高，张力小．城市公园景观空间结构对其热环境效应的影响 [J]. 生态学报，2014，34 (12)：3179-3187.

[102] Mei D，Deng Q H，Wen M，et al. Evaluating dust particle transport performance within urban street canyons with different building heights [J]. Aerosol and Air Quality Research，2016，16 (6)：1483-1496.

[103] 张培峰，胡远满．不同空间尺度三维建筑景观变化 [J]. 生态学杂志，2013，32 (5)：1319-1325.

[104] Silva L T，Fonseca F，Rodrigues D，et al. Assessing the influence of urban geometry on noise propagation by using the sky view factor [J]. Journal of Environmental Planning and Management，2018，61 (3)：535-552.

[105] Gál T，Lindberg F，Unger J. Computing continuous sky view factors using 3D urban raster and vector databases：comparison and application to urban climate [J]. Theoretical and Applied Climatology，2009，95：111-123.

[106] Wang F，Peng，Y Y，Jiang C Y. Influence of road patterns on $PM_{2.5}$ concentrations and the available solutions：the case of Beijing city，China [J]. Sustainability，2017，9 (2)：217.

[107] Hoek G，Beelen R，Hoogh K，et al. A review of land-use regression models to assess spatial variation of outdoor air pollution [J]. Atmospheric Environment，2008，42 (33)：7561-7578.

[108] 祝玲玲．合肥市居住区空间形态与 $PM_{2.5}$ 浓度关系模拟及优化研究 [D]. 合肥：安徽建筑大学，2019.

[109] 龙瀛，李派，侯静轩．基于街区三维形态的城市形态类型分析——以中国主要城市为例 [J]. 上海城市规划，2019 (3)：10-15.

[110] Handy S L. Understanding the link between urban form and nonwork travel behavior [J]. Journal of Planning Education and Research，1996，15 (3)：183-198.

[111] Friedman B，Gordon S P，Peers J B. Effect of neotraditional neighborhood design on travel characteristics [J]. Transportation Research Record，1994，1466：63-70.

[112] 柳珊．基于风环境模拟的城市居住街区空间形态研究 [D]. 广州：华南理工大学，2018.

[113] 袁磊，宛杨，何成．基于 CFD 模拟的高密度街区交通污染物分布 [J]. 深圳大学学报（理工版），2019，36 (3)：274-280.

[114] Jin S J，Guo J K，Wheeler S，et al. Evaluation of impacts of trees on $PM_{2.5}$ dispersion in urban

streets [J]. Atmospheric Environment，2014，99：277-287.

[115] 郭晓华，戴菲，殷利华．基于 ENVI-met 的道路绿带规划设计对 $PM_{2.5}$ 消减作用的模拟研究 [J]. 风景园林，2018，25 (12)：75-80.

[116] 马西娜．基于悬浮颗粒物分布的关中城市居住组团空间形态研究 [D]. 西安：长安大学，2016.

[117] 高海宁，李元征，刘雅莉，等．街谷建筑高度非均匀性对空气污染的影响研究 [J]. 环境监测管理与技术，2018，30 (6)：15-19.

[118] 王兰，廖舒文，赵晓菁．健康城市规划路径与要素辨析 [J]. 国际城市规划，2016，31 (4)：4-9.